庐山
常见植物图鉴

主　　编：董洪进　李世升

副 主 编：项　俊　方元平　肖云丽　向　福

编写人员：张　颖　余姣君　朱　莉　付　俊　李志良

　　　　　王书珍　杜红园　李竟才　张家亮

文字整理：张　慧　余亦立　涂俊超　陈丹格　肖陈晨

　　　　　王红玉　韩玉婷　薛雯雯　元冬梅

图片编辑：杨　涵　田浩文　涂俊超　周　彬　侯玲玉

　　　　　张　慧　元冬梅　张梅芊　陈佳姝

华中科技大学出版社
http://www.hustp.com
中国·武汉

内容简介

庐山以雄、奇、险、秀闻名于世，集教育名山、文化名山、宗教名山、政治名山于一身，具有较高的植物多样性，这些植物资源对维持庐山地区的生态平衡与生物多样性具有重要作用，同时也为人类生产、生活提供了多方面的种质资源。

本书在庐山地区多年野外实地考察和标本采集的基础上，筛选出近年来庐山较为常见的300种植物，精心编排，分别介绍其鉴定特征、生境及花果期，并附上彩色图片，以及植物学野外实习方案、植物标本的采集与制作等内容。

本书图文并茂，具有系统性、科学性和科普性等特点。本书可作为普通高等院校生物科学、植物科学等专业植物学野外实习的指导参考书，也可供植物研究相关科研人员及广大植物爱好者学习参考。

图书在版编目 (CIP) 数据

庐山常见植物图鉴 / 董洪进，李世升主编 .—武汉 : 华中科技大学出版社，2021.7
ISBN 978-7-5680-7188-8

Ⅰ.①庐… Ⅱ.①董… ②李… Ⅲ.①庐山－植物－图集 Ⅳ.① Q948.525.6-64

中国版本图书馆CIP数据核字(2021)第110735号

庐山常见植物图鉴
Lushan Changjian Zhiwu Tujian

董洪进　李世升　主编

策划编辑：罗　伟
责任编辑：罗　伟
封面设计：刘　婷
责任校对：曾　婷
责任监印：周治超
出版发行：华中科技大学出版社（中国·武汉）　　电话：(027)81321913
　　　　　武汉市东湖新技术开发区华工科技园　　邮编：430223
录　　排：华中科技大学惠友文印中心
印　　刷：湖北金港彩印有限公司
开　　本：787mm×1092mm　1/16
印　　张：21
字　　数：502千字
版　　次：2021年7月第1版第1次印刷
定　　价：228.00元

前言

　　庐山地处江西省北部的九江市，北阻长江，东望鄱阳湖，西南与幕阜山以九江平原相隔，平地拔起，孤峰高举，主峰大汉阳峰海拔1474米，最低点至长江水面约20米，是一个相对独立的自然植物区系。这里孕育了丰富的植物多样性，是华中植物区系成分的重要代表。1934年，我国近代植物学研究先驱胡先骕先生、秦仁昌先生、陈封怀先生选址庐山，建成我国第一个现代意义的植物园，在这里也引种栽培了大量珍稀和特色植物。据现有资料统计，庐山野生及常见栽培植物在2000种以上。

　　庐山以雄、奇、险、秀闻名于世，集教育名山、文化名山、宗教名山、政治名山于一身。1982年被国务院颁布为首批国家级风景名胜区，1996年被列为世界文化遗产，2013年成为国家级自然保护区。庐山春迟、夏短、秋早、冬长，长年云雾笼罩，是著名的避暑胜地。庐山具有重要的自然和文化价值，盛名远播，吸引了无数的科学研究者和游客纷至沓来。

　　黄冈师范学院以庐山作为植物学实习基地已有50多年历史，积累了丰富的标本材料和调查资料，但至今没有出版一本适用于黄冈师范学院生物科学、植物科学、生物工程等专业本科生的实习指导或实习指南，在野外教学工作中深感不便。本书收录了近年来实习中较为常见的300种植物的照片，精心编排，略加解读，集结而成，希望能成为我校及其他以庐山为基地的普通高等院校生物科学、植物科学等专业的植物野外学习的指导参考书。庐山植物十分丰富，本书收录十不及一，同时囿于编者水平，错讹难免，希望通过大家的使用，本书得以不断扩充修订，愈臻完美。

　　本书出版得到了湖北省"荆楚卓越人才"协同育人计划（鄂教高函〔2016〕35号）和黄冈师范学院大别山特色动植物资源评价与综合利用项目（4022019006）的资助，还得到了黄冈师范学院教务处和生物与农业资源学院的大力支持，在此一并表示感谢。

董洪进　李世升

目录

庐 山 简 介

庐山位于江西省九江市庐山市境内，耸峙于长江中下游平原与鄱阳湖畔，处于东经115°52′～116°8′，北纬29°26′～29°41′之间，长约25千米，宽约10千米，主峰大汉阳峰，海拔1474米。庐山风景秀丽，文化氤氲，是一座集风景、文化、宗教、教育、政治为一体的千古名山。

1. 庐山是文化名山

从司马迁"南登庐山，观禹所疏九江"以降，两千年间，有包括陶渊明、萧统、李白、白居易、苏轼、王安石、黄庭坚、陆游、朱熹、康有为、胡适、郭沫若等文坛巨匠在内的1500余位文化名人登临庐山，留下4000余首诗词歌赋，奠定了庐山中华文化名山的地位。"庐山东南五老峰，青天削出金芙蓉。""日照香炉生紫烟，遥看瀑布挂前川。飞流直下三千尺，疑似银河落九天。""横看成岭侧成峰，远近高低各不同。不识庐山真面目，只缘身在此山中。"……这些歌咏庐山的诗句早就融入了我们的文化血脉。

南宋淳熙七年（1180年），理学家朱熹兴复白鹿洞书院，振兴中国书院讲学式教育的传统，以儒家传统的政治伦理思想为支柱，继往开来，建立了庞大的理学体系。

1858年，清政府被迫签订《天津条约》，九江被辟为通商口岸；1861年，清政府签订《九江租地约》，开辟九江为英租界；1895年，与英方签订了《牯牛岭案十二条》，租借牯岭长冲一带的土地给英方，租期999年。在英国传教士李德立的开发下，庐山集合有英、俄、美、法等二十余国建造的别墅群，还有大量的外国教堂、银行、商店、学校、医院等，成为中西文化交融的独特建筑代表。

1959—1970年，中共中央在庐山举行了对中国社会主义建设有着重大影响的三次会议。

2. 庐山是地理名山

庐山山体呈纺锤形，为典型的地垒式断块山。中国地质学家李四光以庐山地质地貌为研究对象，开创了第四纪冰川学说。庐山发育有地垒式断块山与第四纪冰川遗迹，以及第四纪冰川地层剖面和早元古代星子岩群地层剖面。迄今为止，在庐山共发现一百余处重要冰川地质遗迹，完整地记录了冰雪堆积、冰川形成、冰川运动、侵蚀岩体、搬运岩石、沉积泥砾的全过程，记录了中国东部古气候变化和地质特征。

因山体上部海拔较高，加上江环湖绕，湿润气流在前进中受到山地阻挡，庐山易于兴云作雨，雨量丰沛，全年平均降雨量达1917毫米，年平均有雨日达168天，全年平均有雾日达192天。庐山春迟、夏短、秋早、冬长，气候宜人，是名副其实的避暑胜地。

3. 庐山是植物名山

庐山地处亚热带，临江濒湖，得天独厚，植物资源极为丰富，俨如一个天然的植物园。早在 1934 年，中国近代植物学奠基人胡先骕、中国蕨类植物学创始人秦仁昌、中国植物园之父陈封怀三位先生即登临庐山，进行植物考察，在含鄱口创办了我国近代第一个现代意义的植物园——庐山植物园。从此，诸多植物学者纷至沓来，一时庐山成为我国近代植物学的重要研究中心，学者们发表了大量以庐山为模式产地的物种。经过几代科学家和科技工作者的不懈努力，庐山植物园特别是在松柏类、杜鹃花属和蕨类植物的引种保育方面卓有特色，是我国生物多样性保护的重要基地。

1982 年，庐山被国务院颁布为首批国家级风景名胜区。1996 年 12 月 6 日，庐山被列为世界文化遗产。2004 年，庐山被评为中华十大名山。2007 年 3 月 7 日，庐山被评为国家 AAAAA 级旅游景区。庐山也是世界上第一个获得世界文化遗产、世界自然遗产以及世界地质公园三项世界性荣誉的胜地。

庐山地理位置优越，自然和人文禀赋突出。新中国成立后，我国相关科研院校的植物学、林学、药物学工作者先后到此进行科学考察或实习，取得了一系列科研成果。因此庐山不仅是进行植物研究的理想场所，而且也逐渐成为植物、旅游、地理等专业野外实习的基地。

2 植物学野外实习方案

2.1 实习目的

植物学野外实习是植物学教学任务中的核心组成部分，是学好植物学相关理论知识的重要实践过程。

（1）培养学生植物学野外工作能力，包括植物观察、标本采集、信息记录和植物种类识别等，为以后可能从事的相关工作奠定基础。

（2）学会使用植物志书和检索表鉴定植物，培养学生综合分析、解决实际问题的能力。

（3）学会辩证认识植物的生长发育、变异、地理分布等与植被、气候、土壤等环境因子的关系，为后续课程的学习做好铺垫。

（4）熟悉庐山这一典型华东植物区系单元的植物多样性，掌握重要的代表性区系成分、常见植物、重要经济植物和栽培观赏植物等。

（5）引导学生观察自然、热爱自然、保护自然。

2.2 实习组织

（1）由1名实践经验丰富和资深望重的教师任总领队，1名教师负责后勤和人员安全，另外视学生人数配备一定数量教师协助，共同负责实习期间的全面工作。

（2）根据指导教师人数和参加实习人数，将人员分成若干个10～20人的小组，每组由1位教师带队。每组设组长1名，负责实习的日常事务，召集、调动每位组员的积极性，配合指导教师落实学习和生活的各项工作。

（3）实习前召开动员大会，筑牢安全意识，明确学生自带物品，布置准备实习工具，并分类装箱打包，保证实习时的学习效率。

2.3 实习路线及时间规划

庐山植物学野外实习建议时长为7～10天，结合植物生长特性及环境安全问题，建议在6月份至11月份之间开展实习活动。下面为推荐的实习线路，路线可根据庐山天气进行适当变动。

（1）路线一：从牯岭街出发，经庐山图书馆、秀岳山庄到达大月山水库，大约30分钟，沿七里冲攀至大月山山顶，观察植被全貌和牯岭街全景；在大月山学习完毕后，可原路返回或朝美庐一号别墅方向返回。

（2）路线二：从慧远街出发坐车到电站大坝，步行十几分钟至黄龙潭，往下走便是三宝树，三宝树之后穿过一段林荫小道可到达芦林桥，桥旁即是芦林湖，接着沿着路步行 20 分钟左右至庐山博物馆，参观完毕后坐车返回正街站。

（3）路线三：从牯岭街出发，经庐山图书馆、秀岳山庄到达上中路，步行约 2 个小时至庐山植物园，在老师带领下，认识庐山植物园的植物生长及形态特征，参观完庐山植物园后，2 点左右集合，从植物园南门离开，前往含鄱口，一路攀登向上，讲解沿路的植物，在山顶欣赏完壮丽的景色后，便可准备返回。

（4）路线四：从牯岭街出发，步行 10 分钟左右后到达如琴湖，穿过如琴湖后，进入花径，领略花径的植物与历史文化，然后步行到锦绣谷景区，途径仙人洞后，进入大天池，观看大天池后，便是攀登巍峨的龙首崖，到达龙首崖后，准备返回。

（5）路线五：从牯岭街出发，往九江方向，步行至日照峰，结束后转至路对面的小天池，在小天池附近可小憩、吃中饭，返程在望江亭一览庐山秀丽风景。

（6）线路六：乘坐旅游车辆行至三叠泉，沿三叠泉步道下行，学习沿途低海拔常绿阔叶林中的植物，并对比植物分布的垂直变化。

（7）线路七：徒步至观云亭，下行至剪刀峡，观察记录沟谷植物，从原路返回。

其中一天自由活动，最后一天集中考核。

2.4 实习基本要求

明确要求是保证学习效率的重要前提。

（1）专注于知识的汲取，不要在景点玩赏和旅游商品上消耗过多精力。

（2）根据实习地点的环境条件，做好个人防护和实习准备。

（3）做好野外考察线路轨迹和标本采集记录，每天及时完成实习手册的填写，对植物特征进行总结归纳。

（4）在野外采集、标本制作和鉴定过程中互相帮助，分工配合，注重团队合作。

（5）对所学知识进行系统总结，独立完成最终的实习考核。

2.5 野外实习安全注意事项

（1）庐山公路弯多而急，易晕车，请自带常用药，如晕车药、清凉油、藿香正气水等，以备不时之需。根据个人情况，准备感冒药、创可贴等简易药品。

（2）庐山长年多雾，晴雨难测，要带好雨伞和草帽。庐山早晚温差较大，请备好衣物。

（3）入住酒店遵守当地及酒店相关规定，离开房间须随手关门，并保管好钥匙。

（4）外出实习注意饮食卫生，用餐建议实行分餐制。

（5）乘坐交通车辆注意随身携带个人物品。

（6）外出实习时，紧跟老师，切勿掉队。

（7）没有实习老师带领时，外出最好结伴而行，不要单独活动以免发生危险。

（8）外出实习期间发生意外安全事故，不要惊慌失措，应及时向指导老师和相关部门求助。

（9）遵守公共秩序，爱护公共财物，注意言行举止，提高自我保护意识。

3 植物标本采集、制作与鉴定

3.1 采集工具

（1）记录工具：望远镜、照相机、手持 GPS 仪、温度 / 湿度计、光照度计、放大镜、皮尺、胸径尺、笔记本、铅笔。

（2）采集工具：枝剪、山菜掘、手套、不同规格的自封袋若干、号牌、标本夹、瓦楞纸和铝板、报纸、硫酸纸、吸水纸、热风机、帆布套、分子材料袋、变色硅胶。

（3）鉴定资料：《中国高等植物图鉴》《庐山种子植物属种检索表》《江西植物志》《庐山旅游线路常见植物》等。

3.2 标本采集

标本是鉴别植物的第一手材料，标本采集与制作是进行植物分类学教学和科研不可缺少的技能和环节。

采集标本时注意选取的标本应具有完整性和代表性，一个完整的木本植物标本除根、茎、叶外，还要采集花或果实。因此，采集植物标本要尽可能采集根、茎、叶和花等齐全，形态完整，无病虫害的样本。如果无法一次性采到叶、花、果齐全的样本，可以分别采集。草本植物一般是全株采集。每种植物应最少采集两份以上样本装入标本袋挂上标签，编上采集号，同一个地点采集的同种植物编为同一个采集号，不同地点不同时间采集的同种植物要另编采集号。同时，用照相机记录同种植物的影像资料，并编上与采集号相同的号码，以便对比研究。详细填写野外植物调查记录表，记录植物标本的采集地点、日期、海拔、生境、颜色、气味等植物形态与生态学特征。

采集草本植物时，应该多注意它的地下部分，不少草本植物例如百合科植物，具鳞茎、根状茎，这些变态的形状特点往往是分类的依据，采集时，一定要把地下部分挖出，否则就不是完整的标本。

寄生植物跟它们的寄主有密切关系，应连同寄主一起采集和压制标本。特别是那些用寄生根寄生在寄主根上的种类，在采集时，应小心地将两者的根一起挖出并尽量保持两者的联系，以利于鉴定工作的进行。

雌雄异株的植物（如葫芦科、猕猴桃科等）应分别采集雄株和雌株，并分别编号，注明两者之间的关系。

蕨类植物大多生在潮湿阴暗环境，如树林、山沟溪边或山野阴坡最常见。采挖蕨类植物叶时，特别要注意叶背面的孢子囊群，以使鉴定更准确。蕨地下茎的形态构造也是帮助鉴定的依据，采集时注意采掘一段地下茎附在标本上。

地衣能在生活条件较差而空气新鲜的环境下生长，常分布在岩石、树体及墙壁上。壳状地衣必须连附着物一并采回，使其自然干燥。叶状地衣和枝状地衣可用小刀刮取，若生长于岩石上，可先用水浸湿后再刮取。

同一个地点的同一种植物作为一个采集号，每号标本采集3份，不常见的植物可采集5份。在标本采集过程中，应同时拍摄清晰照片，记录野外生境、植株、花果等关键鉴定特征的信息。

3.3 标本制作

1. 标本压制和编号

采集回来的植株及时进行分类后，开始整形，用干毛刷去除根、茎、叶上的泥土，从数株同一植物中选择特征较为完整者制成标本，并按顺序编号，在号牌上记录采集代码和采集流水号即可，在采集记录本上完整记录采集人、采集时间、采集地点、经纬度、海拔、生境、花果特征等信息。

带花果的枝条在报纸上尽量散开，互不遮挡，将一片成叶翻转过来，以便干燥、装订后，能同时观察叶片的正反面特征。压制过程中掉落的花、果另用标本袋收集起来并贴上标签方便日后在装订台纸时附加。对于根或果过长的植物，可以 V、N 或 W 的形状压制。为保证标本的完整性，也可分段分别压制，且在标签上标注清楚。

为避免枝干重叠厚重，修剪掉过密的枝和叶，花、果过繁的保留 3～5 个为宜，尽量使修剪后的植株既能保持自然状态，又具有艺术美感。如果叶片太大，整张吸水纸放不下，可沿叶脉剪去全叶的 2/5，保留叶尖；若是羽状复叶可将叶轴一侧的小叶剪短，保留小叶基部和复叶顶端小叶。

对于个体较小的草本，可规整放置多个同期同地点采集的个体于一张报纸上。

对不便压制的肉质植物以及浆果、块茎、块根等，可进行浸制保存。

对于干燥后极薄易碎的花（如凤仙花、秋海棠等），可将花朵解剖后，放于硫酸纸上保存。

如果标本本身厚薄不一，可在较薄的地方加上吸水纸以衬托。

2. 标本的干燥

打开标本夹，将整形好置于报纸中的植物标本 2～3 份依次放入瓦楞纸和铝板的间隔夹层中，层层堆叠，进行压制。最后，将标本夹用绳子捆紧，架起横放于通风良好的地方，包裹于帆布套中用热风机烘烤，通过热空气在瓦楞纸和铝板间孔隙的流动来带走水分以迅速干燥，一般需要烘制12小时。烘制的方法有利于标本的快速干燥，防止标本腐烂发霉，提高工作效率，但也存在标本过脆、脱色严重等弊病。如果野外条件不允许，则需要每天定期更换数次吸水纸，以保证标本干燥。

3. 标本的装订

经过压制和干燥的标本可以装订在台纸上，消毒杀虫后可放入标本室永久保存。通常的步骤是，将干燥好的标本放置于规格 40 cm×30 cm 的白色台纸上固定，固定时注意标本的科学性和造型的艺术性。根据标本的摆放位置，根、茎比较粗壮的部分，可以用针线穿过台纸缝制，把线结打在台纸的背面，两端结头用胶水固定在台纸的背面；叶、花、果用毛笔轻轻在其背面涂上速干白乳胶，粘贴在台纸上进行固定。在台纸的右上角贴上采集信息与鉴定信息标签，经过鉴定后完整地填写标签内容。为了保护标本，可将装订好台纸的标本装入台纸自封袋，以方便标本长期保存。

3.4　标本鉴定

鉴定即运用已有的分类学系统知识对未知植物进行归类，确定其科学名称。植物鉴定是植物分类的基本功，在实践操作中，需掌握最基本的检索表的运用，另外还可以通过图鉴、网络照片库、标本照片比对，或者请教类群专家，进行判断，并结合植物志进一步核对。

1. 标本形态的观察和解剖

标本形态的观察及描述必须确切，这是鉴定标本的重要环节。初学时，可选择已认识的植物，查对有关文献中的形态描述。

花是形态鉴定最关键的器官，因此在鉴定之前应仔细解剖，明确花萼、花瓣、雄蕊和雌蕊等各部位的数量、颜色、形状等特征。叶背、嫩枝、脉腋等各部位覆盖的毛被、腺毛、鳞片等往往是分种的关键特征，也应在解剖镜下仔细观察记录。

在此基础上，应正确使用检索表来鉴定植物。检索表的种类很多，不同志书可能略有差异，但本质都是非此即彼，二歧分支。检索植物要从高级别检索表向低级别检索表顺次查找。一般先查询分科检索表，再查询分属检索表，再依次查询分种检索表。如果分种检索表缺乏时，可在查出属名后，直接到植物图鉴中查对，进行常见种判识。对初学者来说，最好选用标本采集地区所编的当地检索表或植物志（图鉴），更易于检索和定名。

在查找检索表时，每两项相对应的特征及每项中所列各性状，均需与被鉴定植物认真对照，以减少差错。注意关键性状的观察和检索。

在检索中，有时即使形态观察无误，也可能"卡壳"。这可能是检索表编制的问题，例如比较简单的检索表可能造成检索困难，这就需要选用复杂一些的检索表。也可能是由于标本的不完善，如往往仅有花还不行，必须有果实才能继续往下检索。这在伞形科、紫草科等中表现较为突出，如有上述情况，就要对两个平行的性状分别试查，再根据以下各项的性状作出综合判断。有时花期已过，仅采到具果实的标本，这就要选用以营养器官为主，以果实为辅的检索表。

2. 标本的审核与定名

对于初学者来说，为了证明鉴定的正确，在检索到每一分类单位时，都必须借助有关文献（如植物志、植物图鉴等），核对照片和形态特征描述。只有经审核无误后，才能确认该植物的中文名和拉丁学名。经鉴定的植物要制成腊叶标本长期保存，以积累资料，供教学和研究使用。

4

庐山常见植物

石松

Lycopodium japonicum

【鉴定特征】 多年生匍匐草本。茎细长横走，二至三回分叉，被稀疏的叶；侧枝直立，高达 40 厘米，多回二叉分枝。叶螺旋状排列，密集，披针形或线状披针形。孢子囊穗 4～8 个集生于长达 30 厘米的总柄上；孢子囊生于孢子叶腋，略外露，圆肾形，黄色。

【生　　境】 林下、灌丛或土坡。

异穗卷柏

Selaginella heterostachys

【鉴定特征】 蔓生草本。茎羽状分枝，维管束1条，侧枝3～5对，一至二回羽状分枝。上侧孢子叶卵状披针形或长圆状镰形，边缘具缘毛或细齿，背部不呈龙骨状；下侧孢子叶边缘具缘毛，龙骨状，脊上具睫毛；大孢子叶分布于孢子叶穗基部或大、小孢子叶相间排列。

【生　　境】 林下土生或岩生。

卷柏科 Selaginellaceae

膜叶卷柏
Selaginella leptophylla

【鉴定特征】 蔓生草本。主茎自近基部羽状分枝，维管束1条；侧枝5～8对，一至二回羽状分枝，背腹压扁。叶交互排列，绿色，膜质，主茎上的叶排列较疏。孢子叶穗紧密，单生于小枝末端；上侧的孢子叶长圆状镰形，边缘具微齿；下侧的孢子叶卵状披针形，边缘具缘毛。

【生　　境】 阴处岩石或土生。

紫萁

Osmunda japonica

【鉴定特征】 土生蕨类。叶纸质，干后棕绿色，叶片为三角广卵形，长30～50厘米，顶部一回羽状，其下为二回羽状；羽片3～5对，小羽片5～9对。叶脉两面明显，二回分歧，小脉平行达锯齿。孢子叶羽片和小羽片均短缩，小羽片变成线形，沿中肋两侧密生孢子囊。

【生　　境】 林下或溪边酸性土上。

海金沙

Lygodium japonicum

【鉴定特征】 草质攀缘藤本。不育羽片卵状三角形，二回小羽片 2～3 对，叶缘有不规则的浅圆锯齿。主脉明显，侧脉纤细。叶纸质，两面沿中肋及脉上略有短毛。能育羽片卵状三角形，一回小羽片 4～5 对，互生，相距较近。孢子囊穗长 2～4 毫米，排列稀疏。

【生　　境】 攀附于灌草丛。

溪洞碗蕨

Dennstaedtia wilfordii

【鉴定特征】 土生蕨类。叶薄草质，叶片长 27 厘米左右，长圆状披针形，先端渐尖或尾头，二至三回羽状深裂；羽片 12 ～ 14 对，长 2 ～ 6 厘米。每个小裂片有小脉 1 条，先端有明显的纺锤形水囊。孢子囊群圆形，生于末回羽片的腋中；囊群盖半盅形，边缘多为啮噬状。

【生　境】 林下或路边阴湿处。

凤尾蕨科 Pteridaceae

指叶凤尾蕨

Pteris dactylina

【鉴定特征】 土生蕨类，高20～40厘米。叶多数簇生，干后坚草质；叶片指状，羽片通常5～7片，偶有基部1对分叉或顶生羽片2～3叉，狭线形，长8～15厘米，可育羽片几全缘，不育羽片有细的尖锯齿。孢子囊群线形，沿叶缘延伸；囊群盖线形，膜质。

【生　境】 林下或路边阴湿处。

光脚金星蕨

Parathelypteris japonica

【鉴定特征】 土生蕨类。叶草质，卵状长圆形，有较多的红棕色、圆球形的大腺体；叶片长 30～35 厘米，二回羽状深裂，羽片 15～20 对，下部 3～4 对较长。叶脉明显，侧脉斜上；叶柄基部近黑色，略被红棕色的披针形鳞片。孢子囊群圆形，背生于侧脉中部，每裂片 3～4 对。

【生　境】 林下阴湿处。

华中铁角蕨

Asplenium sarelii

【鉴定特征】附生蕨类。叶簇生，叶片椭圆形，长 5～13 厘米，三回羽裂，羽片 8～10 对，小羽片 4～5 对；裂片 5～6 片，斜向上，狭线形，基部一对常为 2～3 裂。叶坚草质，两侧均有线形狭翅，叶轴两面显著隆起。孢子囊群近椭圆形，棕色，每裂片有 1～2 枚。

【生　　境】潮湿岩壁或石缝。

铁角蕨

Asplenium trichomanes

【鉴定特征】 附生蕨类。根状茎密被鳞片；鳞片线状披针形，厚膜质，黑色。叶多数，密集簇生；叶纸质，叶柄长 2～8 厘米，栗褐色；叶片长线形，长 10～25 厘米，一回羽状；羽片 20～30 对。孢子囊群阔线形，黄棕色，每羽片有 4～8 枚；囊群盖阔线形，膜质，开向主脉。

【生　　境】 路边或林下石缝。

Onocleaceae

东方荚果蕨

Pentarhizidium orientale

【鉴定特征】 高大丛生蕨类。根状茎先端及叶柄基部密被鳞片。不育叶先端渐尖并为羽裂，二回深羽裂，羽片 15 ～ 20 对；可育叶有长柄，长 12 ～ 38 厘米，一回羽状，羽片多数，两侧强度反卷成荚果状，在羽轴与叶边之间形成囊托，孢子囊群圆形，成熟时汇合成线形。

【生　　境】 林下溪边、山坡草丛。

贯众

Cyrtomium fortunei

【鉴定特征】 丛生蕨类。根茎直立，密被棕色鳞片。叶簇生，密生卵形及披针形棕色鳞片；叶纸质，矩圆披针形，长 20～40 厘米，奇数一回羽状；侧生羽片 7～16 对，互生，多少上弯成镰刀状，羽状脉，小脉联结成 2～3 行网眼。孢子囊群遍布羽片背面；囊群盖圆形，盾状。

【生　　境】 空旷地石灰岩缝或林下。

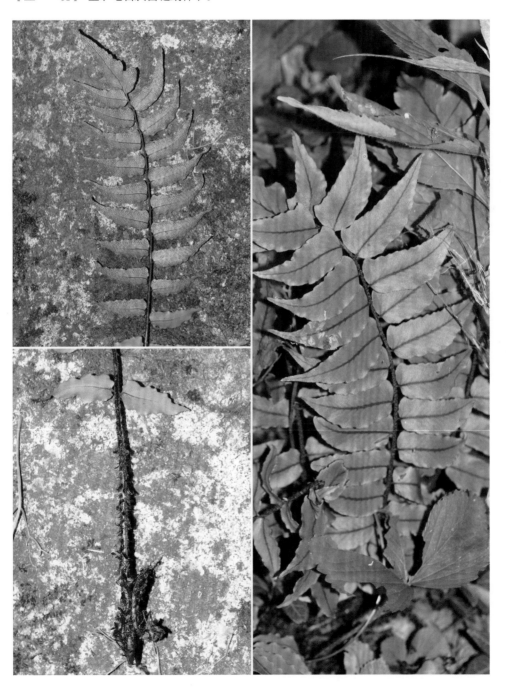

水龙骨科 Polypodiaceae

瓦韦

Lepisorus thunbergianus

【鉴定特征】 附生蕨类。根状茎横走，密被披针形鳞片；鳞片褐棕色，大部分不透明。叶柄长1～3厘米，禾秆色；叶片线状披针形，中部最宽，0.5～1.3厘米，基部渐狭并下延，纸质。孢子囊群椭圆形，成熟后扩展几密接，幼时被圆形褐棕色的隔丝覆盖。

【生　　境】 山坡林下树干或岩石上。

石韦

Pyrrosia lingua

【鉴定特征】附生蕨类。根状茎长而横走，密被鳞片。不育叶片长圆状披针形，下部1/3处最宽，一般1.5～5厘米，干后革质，下面被星状毛；能育叶长约为不育叶的1/3，宽度近半。孢子囊群近椭圆形，在侧脉间整齐排列成多行，成熟后孢子囊外露而呈砖红色。

【生　　境】树干或稍干的岩石上。

马尾松

Pinus massoniana

【鉴定特征】 乔木。针叶2针一束，稀3针一束，细柔，两面有气孔线，树脂道4～8个。雄球花淡红褐色，圆柱形，弯垂，聚生于新枝下部苞腋；雌球花1～4个聚生于新枝近顶端，淡紫红色。球果卵圆形，长4～7厘米，下垂；鳞脐微凹，无刺。

【生　　境】 针叶林或混生于阔叶林。

【花 果 期】 花期：4—5月。球果：翌年10—12月。

黄山松

Pinus taiwanensis

【鉴定特征】 乔木。针叶 2 针一束，稍硬直，树脂道 3～7（9）个，中生。雄球花圆柱形，淡红褐色，聚生于新枝下部成短穗状。球果卵圆形，长 3～5 厘米，鳞脐具短刺；种子倒卵状椭圆形，具不规则的红褐色斑纹，连翅长 1.4～1.8 厘米。

【生　　境】 针叶林或混生于阔叶林。

【花果期】 花期：4—5 月。球果：翌年 10 月。

柳杉

Cryptomeria japonica var. *sinensis*

【鉴定特征】 乔木。大枝近轮生，平展；小枝细长，常下垂。叶钻形，略向内弯曲，四边有气孔线，长1～1.5厘米。雄球花单生于叶腋，集生于小枝上部，成短穗状花序状；雌球花顶生于短枝上。球果圆球形，直径1～2厘米；种鳞20左右，裂齿长2～4毫米，每种鳞有2粒种子。

【生　　境】 常见栽培。

【花果期】 花期：4月。球果：10月。

水杉

Metasequoia glyptostroboides

【鉴定特征】落叶乔木。小枝和叶都对生。叶条形,沿中脉有两条较边带稍宽的淡黄色气孔带,每带有 4～8 条气孔线,在侧生小枝上排成二列。球果下垂,矩圆状球形;种鳞木质,盾形,通常 11～12 对,交叉对生,能育种鳞有 5～9 粒种子;种子扁平,周围有翅,先端凹缺。

【生　　境】常见栽培。

【花 果 期】花期:2 月下旬。球果:11 月。

三尖杉科 Cephalotaxaceae

三尖杉

Cephalotaxus fortunei

【鉴定特征】 乔木。叶排成两列，披针状条形，常微弯，长 4～13 厘米，上面中脉隆起，下面气孔带白色，较绿色边带宽 3～5 倍。雄球花 8～10 朵聚生于叶腋，有 18～24 枚苞片，每花有 6～16 枚雄蕊，花药 3；雌球花的胚珠 3～8 枚可育。种子椭球形，长约 2.5 厘米，假种皮成熟时紫红色。

【生　　境】 阔叶林下或路边林缘。

【花果期】 花期：4 月。种子：8—10 月。

化香树

Platycarya strobilacea

【鉴定特征】 落叶小乔木。奇数羽状复叶，纸质，具7～23枚小叶，边缘有锯齿。两性花序和雄花序在枝顶排成伞房状，直立。雄花苞片阔卵形，雄蕊6～8枚；雌花苞片卵状披针形，花被2，贴于子房两侧。果序球果状，宿存苞片木质，果实小坚果状，两侧具狭翅。

【生　　境】 向阳山坡及杂木林中。

【花 果 期】 花期：5—6月。果期：7—8月。

雷公鹅耳枥
Carpinus viminea

【鉴定特征】 乔木。叶厚纸质，椭圆形至卵状披针形，边缘具重锯齿，侧脉 12 ～ 15 对。花单性，雌雄同株；果序长 5 ～ 15 厘米，下垂；果苞长 1.5 ～ 3 厘米，内侧全缘，很少具疏细齿，直或微作镰形弯曲，外侧边缘具粗齿。小坚果宽卵圆形，具少数细肋。

【生　　境】 山坡杂木林。

【花 果 期】 花期：3—4 月。果期：9 月。

茅栗

Castanea seguinii

【鉴定特征】 小乔木或灌木状。叶倒卵状椭圆形，长 6～14 厘米，叶背有黄或灰白色鳞腺。雄花序长 5～12 厘米，雄花簇有花 3～5 朵；雌花单生或生于混合花序的花序轴下部，每壳斗有雌花 3～5 朵，通常 1～3 朵发育结实，花柱 9 或 6；壳斗外壁密生锐刺，成熟壳斗连刺长 3～5 厘米。

【生　　境】 山坡灌丛、林缘。

【花果期】 花期：5—7 月。果期：9—11 月。

壳斗科 Fagaceae

甜槠

Castanopsis eyrei

【鉴定特征】 乔木。叶革质，卵形、披针形或长椭圆形，长5～13厘米，常向一侧弯斜，全缘或在顶部有少数浅裂齿，侧脉每边8～11条。雄花序穗状或圆锥状；雌花花柱3或2枚。壳斗有1坚果，连刺径长20～30毫米，2～4瓣开裂，刺长6～10毫米，刺密被灰白色微柔毛。

【生　　境】 常绿阔叶林或混交林。

【花果期】 花期：4—5月。果期：9—11月。

青冈

Cyclobalanopsis glauca

【鉴定特征】常绿乔木。叶片革质，倒卵状椭圆形，顶端渐尖或短尾尖，叶缘中部以上有疏锯齿。果序长 1.5～3 厘米，着生果 2～3 个。壳斗碗形，包着坚果 1/3～1/2，小苞片合生成 5～6 条同心环带。坚果卵形，高 1～1.6 厘米，果脐平坦或微凸起。

【生　　境】常绿阔叶林。

【花果期】花期：4—5 月。果期：10 月。

壳斗科 Fagaceae

小叶青冈

Cyclobalanopsis myrsinifolia

【鉴定特征】 常绿乔木。叶卵状披针形或椭圆状披针形，顶端长渐尖或短尾状，叶缘中部以上有细锯齿，侧脉每边 9 ～ 14 条，常不达叶缘，叶背粉白色。壳斗杯形，包着坚果 1/3 ～ 1/2，直径 1 ～ 1.8 厘米，外壁被灰白色细柔毛；小苞片合生成 6 ～ 9 条同心环带。

【生　　境】 常绿阔叶林。

【花 果 期】 花期：6 月。果期：10 月。

枹栎

Quercus serrata var. *brevipetiolata*

【鉴定特征】 落叶乔木。叶片薄革质，长椭圆状倒卵形或卵状披针形，长 5～11 厘米，叶缘有腺状锯齿，常聚生于枝顶。雄花序长 8～12 厘米，花序轴密被白毛，雄蕊 8；雌花序长 1.5～3 厘米。壳斗杯状，包着坚果 1/4～1/3，直径 1～1.2 厘米。

【生　　境】 山地或沟谷林中。

【花 果 期】 花期：3—4 月。果期：9—10 月。

朴树

Celtis sinensis

【鉴定特征】 落叶乔木。叶厚纸质至近革质，卵形或卵状椭圆形，基部仅稍偏斜，先端渐尖，近全缘至具钝齿。果梗常 1～3 枚生于叶腋；果成熟时黄色至橙黄色，近球形，直径 5～7 毫米；核近球形，具 4 条肋，表面有网孔状凹陷。

【生　　境】 路旁林缘。

【花 果 期】 花期：3—4 月。果期：9—10 月。

构树

Broussonetia papyrifera

【鉴定特征】 乔木或灌木。叶螺旋状排列，长椭圆状卵形，长6～18厘米，基部心形，边缘具粗齿，常兼有不裂和3～5裂，基出3脉。雌雄异株；雄花序为葇荑花序，粗壮，长3～8厘米，花被和雄蕊4；雌花序球形头状。聚花果直径1.5～3厘米，成熟时橙红色，肉质。

【生　　境】 路旁、河边、林缘。

【花 果 期】 花期：4—5月。果期：6—7月。

桑科 Moraceae

异叶榕

Ficus heteromorpha

【鉴定特征】 落叶灌木或小乔木。叶多形，琴形、椭圆形、椭圆状披针形，长 10～18 厘米，侧脉 6～15 对；叶柄长 1.5～6 厘米，红色。榕果成对生于短枝叶腋，球形或圆锥状球形，光滑，直径 6～10 毫米，成熟时紫黑色，基生苞片 3 枚。

【生　　境】 山谷林中。

【花 果 期】 花期：4—5 月。果期：5—7 月。

薜荔

Ficus pumila

【鉴定特征】 攀缘或匍匐灌木。叶两型，不结果的枝条生不定根，叶卵状心形，长约2.5厘米，薄革质，基部稍不对称；结果枝无不定根，革质，卵状椭圆形，长5～10厘米；托叶2，披针形，被黄褐色丝状毛。榕果单生叶腋；瘿花果梨形，雌花果近球形，长4～8厘米。

【生　　境】 沟谷溪边或石壁。

【花 果 期】 5—8月。

爬藤榕

Ficus sarmentosa var. *impressa*

【鉴定特征】 藤状匍匐灌木。叶革质，披针形，排为二列，长 4～7 厘米，先端渐尖，背面白色至浅灰褐色，侧脉 6～8 对，网脉明显。雄花、瘿花同生于一榕果内壁，雌花生于另一植株榕果内。榕果成对腋生，球形，成熟紫黑色，直径 7～10 毫米，幼时被柔毛。

【生　　境】 岩石斜坡、树上或墙壁。

【花果期】 花期：4—5 月。果期：6—7 月。

葎草

Humulus scandens

【鉴定特征】缠绕草本，具倒钩刺。叶纸质，肾状五角形，掌状 5～7 深裂，长宽 5～10 厘米，基部心形，背面有柔毛和黄色腺体，边缘具锯齿。雄花小，黄绿色，圆锥花序，长 15～25 厘米；雌花序球果状，直径约 5 毫米；子房为苞片包围，柱头 2，伸出苞片外。

【生　　境】林缘、路边荒地。

【花 果 期】花期：春夏（3—8 月）。果期：秋季（9—11 月）。

苎麻

Boehmeria nivea

【鉴定特征】 亚灌木。叶互生；叶片草质，通常宽卵形，顶端骤尖，边缘有齿，下面密被雪白色毡毛，侧脉约3对。圆锥花序腋生。雄团伞花序，直径1～3毫米，有少数雄花；雌团伞花序有多数密集的雌花。瘦果近球形，光滑，基部突缩成细柄。

【生　　境】 山谷林边或草坡。

【花果期】 花期：8—10月。种子：12月初。

小赤麻

Dioscorea polystachya

【鉴定特征】 多年生草本或亚灌木，常分枝。叶对生；叶片薄草质，卵状菱形或卵状宽菱形，长2.4～7.5厘米，顶端长骤尖，边缘每侧在基部之上有4～8个齿状突起，侧脉1～2对。穗状花序单生叶腋。雄花无梗，花被片3～4。雌花花被狭椭圆形，果期呈菱状倒卵形。

【生　　境】 低山草坡或沟边。

【花 果 期】 花期：6—8月。果期：9—10月。

荨麻科 Urticaceae

悬铃叶苎麻

Boehmeria tricuspis

【鉴定特征】 亚灌木或多年生草本。叶对生，稀互生；叶片纸质，扁五角形或圆卵形，顶部三骤尖或浅裂，边缘有粗齿，侧脉 2 对。穗状花序单生叶腋，分枝呈圆锥状；雄花的花被片和雄蕊 4。雌花花被椭圆形，外面有密柔毛，果期呈楔形至倒卵状菱形。

【生　　境】 山谷疏林或路边。

【花 果 期】 花期：7—8 月。果期：8—9 月。

庐山楼梯草

Elatostema stewardii

【鉴定特征】 多年生草本。叶片草质或薄纸质，斜椭圆状倒卵形，顶端骤尖，叶脉羽状，侧脉在狭侧4～6条，在宽侧5～7条。花序雌雄异株，单生叶腋。雄花序具短梗，直径7～10毫米；苞片6，外方2枚较大，顶端有长角状突起。雌花序无梗；苞片多数。

【生　　境】 山谷沟边或林下。

【花 果 期】 花期：7—9月。果期：9月下旬。

荨麻科 Urticaceae

蝎子草

Girardinia diversifolia subsp. *suborbiculata*

【鉴定特征】 一年生草本，全株被刺毛。叶膜质，宽卵形或近圆形，边缘有 8～13 枚粗齿，稀中部 3 浅裂，基出 3 脉，侧脉 3～5 对。花雌雄同株；雄花序穗状，长 1～2 厘米；雌花序常在下部有一短分枝，长 1～6 厘米。瘦果双凸透镜状，有不规则的粗疣点。

【生　　境】 沟边或荒野阴湿处。

【花 果 期】 花期：7—9 月。果期：9—11 月。

糯米团

Gonostegia hirta

【鉴定特征】 多年生草本。叶对生，叶片草质或纸质，宽披针形至椭圆形，基出脉 3～5 条。团伞花序腋生；雄花花梗长 1～4 毫米；花被和雄蕊 5；退化雌蕊极小，圆锥状。雌花花被菱状狭卵形，顶端有 2 齿，果期呈卵形，有 10 条纵肋。

【生　　境】 林中、灌丛、沟边草地。

【花 果 期】 花期：5—9 月。果期：9—10 月。

珠芽艾麻

Laportea bulbifera

【鉴定特征】 多年生草本。茎上部常呈"之"字形弯曲，具5纵棱；珠芽1～3个，常生于无花序的叶腋。叶卵形至披针形，基出3脉。雄花序开展；雌花序分枝较短，常生于序轴一侧。雄花花被片5；雌花花被片4，不等大；雌花梗在两侧面扁化成膜质翅。

【生　　境】 山坡林下或林缘路边阴湿处。

【花果期】 花期：6—8月。果期：8—12月。

花点草
Nanocnide japonica

【鉴定特征】 多年生小草本。叶三角状卵形或近扇形，每边具 4 ~ 7 枚粗齿，疏生短柔毛和钟乳体，基出 3 ~ 5 脉。雄花序为开展的多回二歧聚伞花序，雌花序密集成团伞状。雄花紫红色，花被 5 深裂，裂片背面有横向的鸡冠状突起物。雌花绿色，不等 4 深裂。

【生　　境】 山谷林下和石缝阴湿处。

【花 果 期】 花期：4—5 月。果期：6—7 月。

短叶赤车

Pellionia brevifolia

【鉴定特征】平卧小草本。叶片草质，斜倒卵形，在宽侧基部之上有稀疏浅钝齿，半离基 3 出脉，具短柄。雄花序有长梗，与花序分枝均有开展的短毛；雄花花被片 5，有短角状突起，雄蕊 5。雌花序近无梗，有多数密集的花；雌花花被片 5，不等大。

【生　　境】山地林中、山谷溪边或石边。

【花 果 期】花期：5—7 月。果期：3 月。

蔓赤车

Pellionia scabra

【鉴定特征】 亚灌木。叶具短柄；叶片草质，斜狭长圆形，顶端长渐尖，不对称，有少数小齿，半离基 3 出脉；托叶钻形。雄花为稀疏的聚伞花序；雄花花被片 5，基部合生，3 个较大，顶部有角突。雌花序近无梗，有多数密集的花。瘦果有小瘤状突起。

【生　　境】 林下或沟边阴湿处。

【花 果 期】 花期：春季至夏季。果期：秋季。

透茎冷水花

Pilea pumila

【鉴定特征】一年生草本，茎肉质。叶近膜质，菱状卵形或宽卵形，长1～9厘米，基出3脉。花雌雄同株并常同序，花序蝎尾状，密集，长0.5～5厘米。雄花花被片2，有时3～4，近船形，外面近先端处有短角突起。雌花花被片3，近等大。

【生　　境】山坡林下或岩石缝的阴湿处。

【花果期】花期：6—8月。果期：8—10月。

粗齿冷水花
Pilea sinofasciata

【鉴定特征】 肉质草本。叶椭圆形至长圆状披针形，先端常长尾状渐尖，在基部以上有粗齿，上面沿中脉常有 2 条白斑带。花序聚伞圆锥状，具短梗。雄花花被片 4，中下部合生，其中 2 枚有不明显的短角状突起。雌花小，长约 0.5 毫米；花被片 3，近等大。

【生　　境】 山坡林下阴湿处。

【花果期】 花期：6—7 月。果期：8—10 月。

三角形冷水花

Pilea swinglei

【鉴定特征】 小草本。叶近膜质，同对的稍不等大，宽卵形、近正三角形或狭卵形，边缘有数枚锯齿。团伞花簇呈头状，常 2～4 个；雄花序略长于叶。雄花淡绿黄色，花被片 4，倒卵状长圆形，中肋在上面凹陷。雌花有短梗，花被片 2～3，极不等大。

【生　　境】 山谷溪边和石上阴湿处。

【花 果 期】 花期：6—8 月。果期：8—11 月。

金线草

Antenoron filiforme

【鉴定特征】 多年生草本。叶椭圆形，全缘，两面均具糙伏毛；托叶鞘筒状，膜质，具短缘毛。总状花序呈穗状，通常数个，花排列稀疏；花被 4 深裂，红色；雄蕊 5；花柱 2，果时伸长，硬化，顶端呈钩状，宿存。瘦果卵形，双凸镜状。

【生   境】 山谷林下或路边。

【花 果 期】 花期：7—8 月。果期：9—10 月。

金荞麦

Fagopyrum dibotrys

【鉴定特征】 多年生草本。根状茎木质化，黑褐色。叶三角形，基部近戟形，边缘全缘；托叶鞘筒状，膜质，偏斜，顶端截形。花序伞房状；苞片卵状披针形，每苞内具 2～4 朵花；花梗中部具关节；花被 5 深裂，白色，雄蕊 8，花柱 3。

【生　　境】 山谷湿地、山坡灌丛。

【花 果 期】 花期：7—9 月。果期：8—10 月。

萹蓄

Polygonum aviculare

【鉴定特征】 一年生草本。茎具纵棱。叶椭圆形，顶端钝圆或急尖，基部楔形，边缘全缘，两面无毛，下面侧脉明显；托叶鞘膜质，撕裂脉明显。花单生或数朵簇生于叶腋，遍布于植株；苞片薄膜质；花梗细；花被5，花被片椭圆形，绿色，边缘白色或淡红色；雄蕊8，花丝基部扩展；花柱3，柱头头状。瘦果卵形。

【生　　境】 生田边路、沟边湿地。

【花果期】 花期：5—7月。果期：6—8月。

稀花蓼

Polygonum dissitiflorum

【鉴定特征】 一年生草本，具稀疏的倒生短皮刺。叶卵状椭圆形，长 4～14 厘米，基部戟形或心形；托叶鞘膜质，长 0.6～1.5 厘米，偏斜。花序圆锥状，花稀疏而间断，花序梗细，紫红色，密被紫红色腺毛；每苞片内具 1～2 朵花；花被 5 深裂，淡红色；雄蕊 7～8；花柱 3。

【生　　境】 河边湿地、山谷草丛。

【花 果 期】 花期：6—8 月。果期：7—9 月。

尼泊尔蓼

Polygonum nepalense

【鉴定特征】 一年生草本。叶三角状卵形，长 3～5 厘米，基部沿叶柄下延成翅，疏生黄色透明腺点；叶柄长 1～3 厘米，或抱茎；托叶鞘筒状，膜质，斜截形，基部具刺毛。花序头状，花序梗细长，上部具腺毛；花被常 4 裂，淡紫红色或白色；雄蕊 5～6；花柱 2。

【生　　境】 山坡草地、山谷路旁。

【花果期】 花期：5—8 月。果期：7—10 月。

红蓼

Polygonum orientale

【鉴定特征】 一年生草本。叶宽卵形或卵状披针形，长10～20厘米；托叶鞘筒状，膜质，长1～2厘米，具长缘毛。总状花序呈穗状，长3～7厘米，花紧密，微下垂，通常数个再组成圆锥状；苞片宽漏斗状，每苞内具3～5朵花；花被5深裂，淡红色或白色；雄蕊7；花柱2。

【生　　境】 沟边湿地或路旁湿草地。

【花 果 期】 花期：6—9月。果期：8—10月。

杠板归

Polygonum perfoliatum

【鉴定特征】 一年生攀缘草本，具纵棱，植株各部具稀疏的倒生皮刺。叶三角形，盾状着生；托叶鞘叶状，草质，抱茎。总状花序呈短穗状；苞片卵圆形，每苞片内具 2～4 朵花；花被 5 深裂，白色或淡红色，果时增大呈肉质，深蓝色；雄蕊 8；花柱 3。

【生　　境】 林缘或灌丛。

【花果期】 花期：6—8 月。果期：7—10 月。

丛枝蓼

Polygonum posumbu

【鉴定特征】 一年生草本。叶卵状披针形，长 3～6（8）厘米，顶端尾状渐尖，纸质；托叶鞘筒状，薄膜质，长 4～6 毫米，具硬伏毛，顶端截形。总状花序细弱，下部间断，花稀疏，长 5～10 厘米；苞片漏斗状，淡绿色，每苞片内含 3～4 朵花；花被 5 深裂，淡红色；雄蕊 8；花柱 3。

【生　　境】 山坡林下、山谷水边。

【花果期】 花期：6—9 月。果期：7—10 月。

戟叶蓼

Polygonum thunbergii

【鉴定特征】 一年生草本，具倒生皮刺。叶戟形，长 4～8 厘米，通常具狭翅；托叶鞘膜质，边缘具叶状翅。花序头状，分枝，花序梗具腺毛及短柔毛；苞片披针形，每苞内具 2～3 朵花；花被 5 深裂，淡红色或白色；雄蕊 8，成 2 轮；花柱 3。瘦果宽卵形，具 3 棱。

【生　　境】 山谷湿地、山坡草丛。

【花 果 期】 花期：7—9 月。果期：8—10 月。

虎杖

Reynoutria japonica

【鉴定特征】 多年生直立草本。茎粗壮，空心，散生紫红色斑点。叶宽卵形，近革质；托叶鞘膜质，偏斜。花雌雄异株，花序圆锥状，腋生；苞片漏斗状，每苞内具 2～4 朵花；花被 5 深裂，雄蕊 8；雌花花被片外面 3 片背部具翅，结果时增大；花柱 3，柱头流苏状。

【生　　境】 山坡灌丛、路旁湿地。

【花果期】 花期：8—9 月。果期：9—10 月。

酸模

Rumex acetosa

【鉴定特征】 多年生直立草本。基生叶和茎下部叶箭形；叶柄长 2 ～ 10 厘米；托叶鞘膜质，易破裂。花序狭圆锥状，顶生，分枝稀疏；花雌雄异株；花梗中部具关节；花被片 6，成 2 轮，雄花内花被片椭圆形，长约 3 毫米，雄蕊 6。瘦果椭圆形，具 3 锐棱。

【生　　境】 山坡路边或沟边。

【花 果 期】 花期：5—7 月。果期：6—8 月。

商陆

Phytolacca acinosa

【鉴定特征】 多年生草本。茎肉质，多分枝。叶片薄纸质，椭圆形或披针状椭圆形，两面散生细小白色斑点（针晶体）。总状花序顶生或与叶对生，密生多花；花被片5，白色或黄绿色，花后常反折；雄蕊8～10，花丝白色；心皮通常为8，分离。果序直立。

【生　　境】 沟谷、山坡林下、林缘路旁。

【花 果 期】 花期：5—8月。果期：6—10月。

剪红纱花

Lychnis senno

【鉴定特征】 多年生草本，全株被粗毛。叶片椭圆状披针形。二歧聚伞花序具多数花；花直径3.5～5厘米；苞片卵状披针形或披针形，被柔毛；花萼筒状，长2～3厘米；花瓣深红色，瓣片三角状倒卵形，不规则深多裂，裂片具缺刻状钝齿。蒴果椭圆状卵形。

【生　　境】 疏林或灌草丛。

【花果期】 花期：7—8月。果期：8—9月。

漆姑草

Sagina japonica

【鉴定特征】 一年生铺散小草本，上部被稀疏腺柔毛。叶片线形，长5～20毫米。花小，单生枝端；花梗细，长1～2厘米；萼片5，边缘膜质；子房卵圆形，花柱5。蒴果5瓣裂；种子细，圆肾形，褐色，表面具尖瘤状凸起。

【生　　境】 荒地或路边草地。

【花 果 期】 花期：4—5月。果期：5—6月。

狗筋蔓

Silene baccifera

【鉴定特征】 多年生蔓生草本，全株被逆向短绵毛。叶片卵形、卵状披针形或长椭圆形，基部渐狭成柄。圆锥花序疏松；花梗细，具1对叶状苞片；花萼草质，后期膨大呈半圆球形，果期反折；花瓣白色，倒披针形，瓣片叉状浅2裂。蒴果圆球形，呈浆果状。

【生　　境】 林缘、灌丛、草地。

【花果期】 花期：6—8月。果期：7—10月。

石竹科 Caryophyllaceae

繁缕

Stellaria media

【鉴定特征】一年生或二年生草本。叶片宽卵形，长 1.5 ～ 2.5 厘米，全缘。疏聚伞花序顶生；花梗细弱，具 1 列短毛，花后伸长下垂；萼片 5，卵状披针形，边缘宽膜质；花瓣白色，深 2 裂达基部；雄蕊 3 ～ 5；花柱 3，线形。蒴果卵形，顶端 6 裂，具多数种子。

【生　　境】常见田间杂草。

【花果期】花期：6—7 月。果期：7—8 月。

牛膝

Achyranthes bidentata

【鉴定特征】 多年生草本；茎有棱角或四方形，分枝对生。叶片椭圆形或椭圆披针形，长 4.5～12 厘米，顶端尾尖。穗状花序长 3～5 厘米；花多数，密生；小苞片刺状，顶端弯曲，基部两侧各有 1 卵形膜质小裂片；花被片披针形，有 1 中脉。胞果矩圆形，光滑。

【生　　境】 山坡林下或路旁。

【花 果 期】 花期：7—9 月。果期：9—10 月。

玉兰

Magnolia denudata

【鉴定特征】 落叶乔木。叶纸质，倒卵状椭圆形，侧脉 8～10 条，网脉明显；托叶痕为叶柄长的 1/4～1/3。花先叶开放，芳香，直径 10～16 厘米；花梗显著膨大，密被长绢毛；花被片 9，白色，基部常带粉红色。聚合果圆柱形，常因部分心皮不育而弯曲；种子心形，外种皮红色。

【生　　境】 路旁栽培。

【花果期】 一年开花两次，花期：2—3 月，7—9 月。果期：8—9 月。

厚朴
Magnolia officinalis

【鉴定特征】 落叶乔木。叶大，近革质，长圆状倒卵形，先端凹缺；叶柄粗壮，托叶痕长为叶柄的2/3。花白色，直径10～15厘米，芳香；花被片9～12（17），厚肉质；雄蕊约72枚，长2～3厘米，花丝红色。聚合果长卵形，长9～15厘米。

【生　　境】 山地栽培。

【花 果 期】 花期：5—6月。果期：8—10月。

深山含笑

Michelia maudiae

【鉴定特征】乔木。叶革质，长圆状椭圆形，长7～18厘米，侧脉每边7～12条。叶柄长1～3厘米，无托叶痕。花梗绿色，具3个环状苞片脱落痕；花芳香，花被片9片，纯白色；雌蕊群长1.5～1.8厘米。聚合果长7～15厘米，种子红色。

【生　　境】阔叶林中或林缘。

【花 果 期】花期：2—3月。果期：9—10月。

香桂

Cinnamomum subavenium

【鉴定特征】 乔木。小枝、叶柄、叶被密被黄色平伏绢状短柔毛。叶在幼枝上近对生，在老枝上互生，卵状椭圆形至披针形，下面黄绿色，革质，3出脉。花淡黄色，长3～4毫米；花被裂片6，能育雄蕊9，花药4室。果椭圆形，熟时蓝黑色，果托杯状。

【生　　境】 林下或林缘。

【花 果 期】 花期：6—7月。果期：8—10月。

山胡椒

Lindera glauca

【鉴定特征】 落叶灌木或小乔木。叶互生，宽椭圆形至狭倒卵形，下面被白色柔毛，纸质，羽状脉，侧脉每侧 4～6 条。伞形花序腋生，每总苞有 3～8 朵花。花被片黄色；雄蕊 9，第三轮的基部着生 2 个具角突宽肾形腺体。果黑褐色。果梗长 1～1.5 厘米。

【生　　境】 林缘、路旁。

【花果期】 花期：3—4 月。果期：7—9 月。

三桠乌药

Lindera obtusiloba

【鉴定特征】 落叶乔木或灌木。叶互生，近圆形，常明显 3 裂；3 出脉，网脉明显。花芽内有无总梗花序 5～6，混合芽内有花芽 1～2；总苞片 4，膜质，有花 5 朵。花被片 6；雄花能育雄蕊 9；雌花退化雄蕊条片形，基部有 2 个长腺体。果广椭圆形，红色变紫黑色。

【生　　境】 山谷密林或灌丛。

【花果期】 花期：3—4 月。果期：8—9 月。

山櫔

Lindera reflexa

【鉴定特征】 落叶灌木或小乔木。叶互生，通常倒卵状椭圆形或狭椭圆形，羽状脉。伞形花序着生于叶芽两侧各一，具总梗；总苞片 4，内有花约 5 朵。花梗长 4～5 毫米，密被白色柔毛；花被片 6，黄色。果球形，直径约 7 毫米，熟时红色。

【生　　境】 山谷林下。

【花 果 期】 花期：4 月。果期：8 月。

毛豹皮樟

Litsea coreana var. *lanuginosa*

【鉴定特征】常绿乔木，密被灰黄色长柔毛。树皮小鳞片状剥落，脱落后呈豹皮斑痕。叶互生，倒卵状披针形，革质，羽状脉。伞形花序腋生；苞片4，交互对生，每一花序有花3～4朵；花梗粗短；花被片6；雄蕊9，腺体箭形。果近球形，果托扁平，花被片宿存。

【生　　境】山谷杂木林。

【花果期】花期：8—9月。果期：翌年夏季。

山鸡椒

Litsea cubeba

【鉴定特征】 落叶灌木或小乔木。小枝细长，光滑，枝叶具芳香味。叶互生，披针形或长圆形，长 4～11 厘米，纸质，羽状脉。伞形花序单生或簇生；每一花序有花 4～6 朵，先叶开放。果近球形，直径约 5 毫米，幼时绿色，成熟时黑色。

【生　　境】 向阳山地。

【花 果 期】 花期：2—3 月。果期：7—8 月。

湘楠

Phoebe hunanensis

【鉴定特征】 灌木或小乔木。叶近革质，倒阔披针形，幼叶下面密被贴伏银白绢状柔毛，侧脉每边 6～14 条。花序生于当年生枝上部，长 8～14 厘米，近于总状或在上部分枝；花长 4～5 毫米。果卵形，长 1～1.2 厘米；宿存花被片卵形，纵脉明显。

【生　　境】 沟谷密林。

【花 果 期】 花期：5—6 月。果期：8—9 月。

樟科 Lauraceae

檫木

Sassafras tzumu

【鉴定特征】 落叶乔木。叶聚集枝顶，倒卵形，长9～18厘米，全缘或2～3浅裂，羽状脉或离基3出脉。花序顶生，先叶开放，长4～5厘米，多花。花黄色，长约4毫米，雌雄异株；花梗纤细，密被棕褐色柔毛。果近球形，成熟时蓝黑色而带白粉，着生于浅杯状的果托上。

【生　　境】 林缘路旁。

【花 果 期】 花期：3—4月。果期：8—9月。

扬子铁线莲

Clematis puberula var. *ganpiniana*

【鉴定特征】草质藤本。一至二回羽状复叶或二回三出复叶，有5～21枚小叶；小叶片长卵形，边缘有粗齿或全缘。圆锥状聚伞花序；花直径2～3.5厘米；萼片4，开展，白色，外面边缘密生短绒毛。瘦果常为扁卵圆形，宿存花柱长达3厘米。

【生　　境】山坡灌丛或杂木林。

【花果期】花期：7—9月。果期：9—10月。

扬子毛茛

Ranunculus sieboldii

【鉴定特征】 多年生铺散草本，密生开展柔毛。三出复叶，叶片圆肾形，长 2～5 厘米；叶柄基部扩大成褐色膜质的宽鞘。花与叶对生；萼片花期反折；花瓣 5，黄色，有 5～9 条深色脉纹，下部渐狭成长爪，蜜槽小鳞片位于爪的基部。聚合果圆球形，喙锥状外弯。

【生　　境】 山坡林边及平原湿地。

【花 果 期】 3—10 月。

庐山小檗
Berberis virgetorum

【鉴定特征】 落叶灌木。茎刺单生，偶三叉。叶薄纸质，长圆状菱形，长3.5～8厘米，基部渐狭下延。总状花序具3～15朵花，长2～5厘米；花梗细弱；花黄色；萼片2轮；花瓣椭圆状倒卵形，基部缢缩成爪，具2枚分离长腺体；浆果长圆形，成熟时红色。

【生　　境】 山坡灌丛。

【花 果 期】 花期：4—5月。果期：6—10月。

木防己

Cocculus orbiculatus

【鉴定特征】 木质藤本。叶片纸质至近革质，线状披针形、近圆形至倒心形；掌状 3～5 脉。聚伞花序少花或排成狭窄聚伞圆锥状；雄花小苞片 1～2，萼片、花瓣和雄蕊 6；雌花退化雄蕊 6，微小；心皮 6。核果近球形，紫红色；果核骨质，背部有小横肋状雕纹。

【生　　境】 林缘、灌丛。

【花 果 期】 5—10 月。

蕺菜

Houttuynia cordata

【鉴定特征】 多年生草本；茎下部伏地，节上生根。叶薄纸质，有腺点，顶端短渐尖，基部心形，背面常呈紫红色；托叶膜质，下部与叶柄合生成鞘。花序长约 2 厘米；总苞片较大，白色；雄蕊长于子房，花丝长为花药的 3 倍。蒴果顶端花柱宿存。

【生　　境】 山谷或水沟潮湿处。

【花 果 期】 花期：5—6 月。果期：10—11 月。

油茶

Camellia oleifera

【鉴定特征】 灌木或中乔木。叶革质，先端尖而有钝头，中脉有粗毛或柔毛，边缘有细锯齿。花顶生，花瓣白色，5～7片，倒卵形，长2.5～3厘米，先端凹入或2裂；子房有黄长毛，3～5室，花柱长约1厘米，先端不同程度3裂。蒴果卵圆形，每室有种子1～2粒。

【生　　境】 灌丛、林缘。

【花果期】 花期：10月至翌年2月。果期：翌年9—10月。

红淡比

Cleyera japonica

【鉴定特征】 灌木或小乔木。叶革质，长圆状椭圆形，长 6～9 厘米，全缘；侧脉 6～8 对。花常 2～4 朵腋生，苞片 2，早落；萼片 5，边缘有纤毛；花瓣 5，白色，倒卵状长圆形；雄蕊 25～30；子房 2 室，胚珠每室 10 多个，花柱顶端 2 浅裂。果实圆球形，成熟时紫黑色。

【生　　境】 沟谷林中或溪边灌丛。

【花果期】 花期：5—6 月。果期：10—11 月。

山茶科 Theaceae

微毛柃

Eurya hebeclados

【鉴定特征】 灌木或小乔木，嫩枝和花梗被微毛。叶革质，长圆状倒卵形，长 4～9 厘米，边缘有浅细齿，侧脉 8～10 对，纤细，在离叶缘处弧曲且联结。花 4～7 朵簇生于叶腋。果实圆球形，直径 4～5 毫米，成熟时蓝黑色，宿萼有纤毛。

【生　　境】 山坡林中、林缘以及路旁灌丛。

【花 果 期】 花期：12 月至次年 1 月。果期：8—10 月。

厚皮香

Ternstroemia gymnanthera

【鉴定特征】 灌木或小乔木。叶革质或薄革质，通常聚生于枝端，椭圆形至长圆状倒卵形，全缘，侧脉 5～6 对。花两性或单性，开花时直径 1～1.4 厘米，花梗稍粗壮。果实圆球形，小苞片和萼片均宿存，宿存花柱长约 1.5 毫米，顶端 2 浅裂；种子成熟时肉质假种皮红色。

【生　　境】 山地林中、林缘或近山顶疏林。

【花果期】 花期：5—7 月。果期：8—10 月。

藤黄科 Clusiaceae

小连翘

Hypericum erectum

【鉴定特征】 多年生草本。叶无柄，叶片长椭圆形至长卵形，基部心形抱茎，全缘，坚纸质，近边缘密生腺点。伞房状聚伞花序。花直径 1.5 厘米，近平展。花瓣黄色，倒卵状长圆形，上半部有黑色点线。雄蕊 3 束，每束有雄蕊 8 ～ 10 枚，花药具黑色腺点；花柱 3。

【生　　境】 山坡草地。

【花 果 期】 花期：5—7 月。果期：8—10 月。

地耳草

Hypericum japonicum

【鉴定特征】 一年生或多年生草本，具4纵线棱，散布淡色腺点。叶无柄，叶片通常卵形至长圆形，坚纸质，全面散布透明腺点。花序具1～30朵花。花直径4～8毫米；花瓣白色、淡黄色至橙黄色。雄蕊5～30枚，不成束，宿存，花药黄色，具松脂状腺体。花柱2～3。

【生　　境】 沟边草地以及荒地。

【花 果 期】 花期：3月。果期：6—10月。

博落回

Macleaya cordata

【鉴定特征】直立高大草本,基部木质化,具乳黄色浆汁。叶片宽卵形,长5～27厘米,常7～9深裂,背面多白粉,基出5脉。大型圆锥花序,长15～40厘米。萼片倒卵状长圆形,黄白色;花瓣无;雄蕊24～30,花丝丝状;柱头2裂。蒴果狭倒卵形,长1.3～3厘米。

【生　境】路边、灌草丛。

【花果期】6—11月。

碎米荠

Cardamine hirsuta

【鉴定特征】 一年生小草本，疏生柔毛。基生叶具叶柄，有小叶 2～5 对，边缘有 3～5 圆齿；茎生叶具短柄，有小叶 3～6 对。总状花序生于枝顶，花直径约 3 毫米，花梗纤细；萼片绿色或淡紫色，长椭圆形；花瓣白色，倒卵形。长角果线形，稍扁，长达 3 厘米。

【生　　境】 山坡、路旁、水泽。

【花 果 期】 花期：2—4 月。果期：4—6 月。

北美独行菜

Lepidium virginicum

【鉴定特征】一年或二年生直立草本。基生叶倒披针形，羽状分裂或大头羽裂。总状花序顶生；花瓣白色，倒卵形；雄蕊2或4。短角果近圆形，长2～3毫米，扁平，有窄翅，顶端微缺，果梗长2～3毫米。种子卵形，红棕色，边缘有窄翅。

【生　　境】外来归化植物，路边或荒地。

【花果期】花期：4—6月。果期：5—9月。

无瓣蔊菜

Rorippa dubia

【鉴定特征】 一年生草本。单叶互生，下部叶倒卵状披针形，长 3 ～ 8 厘米，多数大头羽状分裂；上部叶卵状披针形或长圆形，边缘具波状齿。总状花序，花小，多数，具细梗；萼片 4，直立；无花瓣；雄蕊 6，2 枚较短。长角果线形，长 2 ～ 3.5 厘米，种子每室 1 行。

【生　　境】 山坡路旁、河边湿地及田野较潮湿处。

【花 果 期】 花期：4—6 月。果期：6—8 月。

蔊菜

Rorippa indica

【鉴定特征】一或二年生直立草本。叶互生，下部叶具长柄，叶形多变，通常大头羽状分裂，长4～10厘米；上部叶片宽披针形或匙形，具短柄或耳状抱茎。总状花序；花瓣4，黄色，匙形。长角果线状圆柱形，短粗，长1～2厘米。种子每室2行。

【生　　境】路旁、田边及山坡等较潮湿处。

【花果期】花期：4—6月。果期：6—8月。

二球悬铃木

Platanus acerifolia

【鉴定特征】 落叶大乔木，树皮光滑，大片块状脱落。叶阔卵形，掌状5裂；掌状脉3～5条；托叶长1～1.5厘米，基部鞘状，包裹腋芽。花通常4数。果枝有头状果序1～2个，常下垂；头状果序直径约2.5厘米，宿存花柱刺状。

【生　　境】 常见栽培为行道树。

【花 果 期】 花期：4—6月。果期：9—10月。

金缕梅科 Hamamelidaceae

蜡瓣花

Corylopsis sinensis

【鉴定特征】 落叶灌木。叶薄革质，倒卵形，长5～9厘米，基部不等侧心形，下面有灰褐色星状柔毛；侧脉7～8对，边缘有锯齿。总状花序长3～4厘米；萼筒有星状绒毛，萼齿无毛；花瓣匙形，长5～6毫米；退化雄蕊2裂。果序长4～6厘米；蒴果近圆球形，被褐色柔毛。

【生　　境】 山地灌丛。

【花果期】 花期：3—4月。果期：9—10月。

牛鼻栓

Fortunearia sinensis

【鉴定特征】 落叶灌木或小乔木。叶膜质，倒卵状椭圆形，长 7 ～ 16 厘米，稍偏斜；侧脉 6 ～ 10 对；边缘有锯齿，齿尖稍向下弯。两性花的总状花序长 4 ～ 8 厘米，花序柄长 1 ～ 1.5 厘米，花序轴长 4 ～ 7 厘米，均有绒毛；花瓣狭披针形。蒴果卵圆形，长 1.5 厘米，沿室间 2 片裂开。

【生　　境】 林缘或河谷。

【花 果 期】 花期：3—4 月。果期：7—8 月。

金缕梅科 Hamamelidaceae

金缕梅
Hamamelis mollis

【鉴定特征】 落叶灌木或小乔木。叶纸质或薄革质，阔倒卵形，基部不等侧心形，下面密生星状绒毛；侧脉 6 ～ 8 对；边缘有波状钝齿。头状或短穗状花序；花瓣带状，长约 1.5 厘米，黄白色；雄蕊 4；退化雄蕊 4。蒴果卵圆形，密被黄褐色星状绒毛。

【生　　境】 山坡林缘、灌丛。

【花果期】 花期：12 月至翌年 3 月。果期：8—10 月。

枫香树

Liquidambar formosana

【鉴定特征】 落叶乔木。叶薄革质，阔卵形，掌状 3 裂，先端尾尖；掌状脉 3 ～ 5 条。雄性短穗状花序常多个排成总状，雄蕊多数。雌性头状花序有花 24 ～ 40 朵；子房下半部藏在花序轴内。头状果序圆球形，木质，直径 3 ～ 4 厘米，有宿存花柱及针刺状萼齿。

【生　境】 向阳山坡，多见栽培。

【花果期】 花期：3—4 月。果期：10 月。

金缕梅科 Hamamelidaceae

檵木

Loropetalum chinense

【鉴定特征】灌木或小乔木。叶革质，卵形，长2～5厘米，不等侧，下面被星毛，侧脉约5对，全缘。花3～8朵簇生，有短梗，白色；花瓣4，带状，长1～2厘米；雄蕊4，药隔突出成角状；退化雄蕊4；子房完全下位，被星状毛。蒴果卵圆形，萼筒长为蒴果的2/3。

【生　　境】山坡灌丛。

【花 果 期】3—4月。

大叶火焰草

Sedum drymarioides

【鉴定特征】 一年生草本。植株全体有腺毛；叶卵形至宽卵形，下部叶对生或 4 叶轮生，上部叶互生；花序疏圆锥状；花梗长 4～8 毫米；萼片 5，长圆形至披针形；花瓣 5，白色，长圆形；雄蕊 10；心皮 5，略叉开；种子长圆状卵形，有纵纹。

【生　　境】 阴湿岩石上。

【花 果 期】 花期：4—6 月。果期：8 月。

凹叶景天

Sedum emarginatum

【鉴定特征】多年生草本。叶对生，匙状倒卵形至宽卵形；花序聚伞状，顶生，有多花，常有3个分枝；花无梗；萼片5，披针形至狭长圆形，先端钝；花瓣5，黄色，线状披针形至披针形；鳞片5，长圆形；心皮5，长圆形，基部合生；蓇葖果略叉开，腹面有浅囊状隆起。

【生　　境】山坡阴湿处。

【花果期】花期：5—6月。果期：7月。

佛甲草
Sedum lineare

【鉴定特征】 多年生草本。叶线形，3 叶轮生，基部无柄；花序聚伞状，顶生，中央有一朵有短梗的花，另有 2～3 分枝；萼片 5，线状披针形；花瓣 5，黄色，披针形；雄蕊 10；鳞片 5，宽楔形至近四方形；蓇葖果略叉开。

【生　　境】 草坡或石壁。

【花 果 期】 花期：4—5 月。果期：6—7 月。

景天科 Crassulaceae

垂盆草

Sedum sarmentosum

【鉴定特征】多年生匍匐草本。3叶轮生，叶倒披针形至长圆形，长1.5～3厘米，先端近急尖，基部急狭，有距。聚伞花序，3～5分枝，花少，宽5～6厘米；萼片5，披针形至长圆形；花瓣5，黄色；雄蕊10；鳞片10，楔状四方形；心皮5，略叉开，有长花柱。

【生　　境】山坡阳处或石上。

【花 果 期】花期：5—7月。果期：8月。

溲疏

Deutzia crenata

【鉴定特征】 灌木。叶纸质，卵形或卵状披针形，上面疏被 4 ～ 5 辐线的星状毛，下面被稍密 10 ～ 15 辐线的星状毛，毛被不连续覆盖。圆锥花序长 5 ～ 10 厘米；花冠直径 1.5 ～ 2.5 厘米；萼筒杯状，高约 2.5 毫米；花瓣白色，花蕾时内向镊合状排列；花柱 3 ～ 4。蒴果半球形，疏被星状毛。

【生　　境】 逸生于路旁、水泽。

【花 果 期】 5—6 月。

虎耳草科 Saxifragaceae

圆锥绣球

Hydrangea paniculata

【鉴定特征】 灌木或小乔木。叶纸质，对生或轮生，侧脉 6～7 对，下面明显；叶柄长 1～3 厘米。圆锥状聚伞花序尖塔形，长达 26 厘米；不育花多，白色；萼片 4，不等大，萼齿短三角形；花瓣白色；子房半下位，花柱 3，钻状。蒴果椭圆形，花柱宿存。

【生　　境】 山坡疏林或灌丛。

【花 果 期】 花期：7—8 月。果期：10—11 月。

牯岭山梅花

Philadelphus sericanthus var. kulingensis

【鉴定特征】 灌木。叶纸质，卵状椭圆形，上面近无毛，边缘明显具 9 ～ 12 齿。总状花序有花 7 ～ 30 朵；花萼褐色，外面疏被糙伏毛；花冠盘状，直径 2.5 ～ 3 厘米；花瓣白色，外面基部常疏被毛，顶端圆形，有时不规则齿缺；雄蕊 30 ～ 35。蒴果倒卵形，萼宿存。

【生　　境】 林缘灌丛。

【花果期】 花期：6 月。果期：8—9 月。

虎耳草

Saxifraga stolonifera

【鉴定特征】 多年生草本。鞭匐枝细长，具鳞片状叶。基生叶片近心形，（5）7～11浅裂，掌状脉。聚伞花序圆锥状；花瓣白色，中上部具紫红色斑点，基部具黄色斑点，5枚，其中3枚较短。花盘半环状，2心皮下部合生；子房卵球形，花柱2，叉开。

【生　　境】 石壁或林下阴湿处。

【花果期】 4—11月。

龙芽草

Agrimonia pilosa

【鉴定特征】多年生草本。叶为间断奇数羽状复叶，通常有小叶3～4对，向上减少至3小叶；托叶草质，镰形。花序总状顶生；花直径6～10毫米；花瓣黄色；雄蕊5～15枚；花柱2，丝状。果实倒卵圆锥形，外面有10肋，顶端有数层钩刺。

【生　　境】溪边、路旁或草地。

【花 果 期】5—12月。

野山楂

Crataegus cuneata

【鉴定特征】落叶灌木，分枝密，通常具细刺。叶片倒卵状长圆形，顶端有缺刻或3～7浅裂。托叶草质，镰刀状。伞房花序具花5～7朵。花直径约1.5厘米；花瓣倒卵形，白色，基部有短爪；雄蕊20；花柱4～5，基部被绒毛。果实扁球形，红色或黄色，常具宿萼；小核4～5。

【生　　境】林缘或山地灌丛。

【花果期】花期：5—6月。果期：7—8月。

蛇莓

Duchesnea indica

【鉴定特征】 多年生匍匐草本。小叶片倒卵形至菱状长圆形，边缘有钝锯齿。花单生于叶腋，直径1.5～2.5厘米；副萼片倒卵形，比萼片长，先端常具3～5锯齿；花瓣倒卵形，黄色；雄蕊20～30；心皮多数，离生；花托在果期膨大，海绵质，鲜红色，直径1～2厘米。

【生　　境】 山坡草地或水泽潮湿处。

【花果期】 花期：6—8月。果期：8—10月。

蔷薇科 Rosaceae

路边青

Geum aleppicum

【鉴定特征】多年生草本。茎直立，被开展粗硬毛。基生叶为大头羽状复叶，通常有小叶 2～6 对；茎生叶托叶大，边缘有不规则粗大锯齿。花序顶生，疏散排列；花直径 1～1.7 厘米；花瓣黄色。聚合果倒卵球形，瘦果被长硬毛，花柱宿存，顶端有小钩。

【生　　境】山坡草地、沟边或路旁。

【花 果 期】7—10 月。

棣棠花

Kerria japonica

【鉴定特征】 落叶灌木。叶互生，三角状卵形，顶端长渐尖，边缘有尖锐重锯齿。单花着生在当年生侧枝顶端；花直径 2.5～6 厘米；萼片卵状椭圆形，顶端急尖，全缘，果时宿存；花瓣黄色，宽椭圆形，顶端下凹。瘦果倒卵形至半球形，有皱褶。

【生　　境】 山坡灌丛。

【花 果 期】 花期：4—6 月。果期：6—8 月。

小叶石楠

Photinia parvifolia

【鉴定特征】落叶灌木。叶片草质,椭圆形或菱状卵形,先端渐尖或尾尖,边缘具腺齿,侧脉4～6对。花2～9朵,成伞形花序,生于侧枝顶端,无总梗,花梗细;花直径0.5～1.5厘米,花瓣白色,雄蕊20,花柱2～3,半合生。果实椭圆形,橘红色或紫色,内含2～3颗种子。

【生　　境】山坡灌丛。

【花果期】花期:4—5月。果期:7—8月。

软条七蔷薇
Rosa henryi

【鉴定特征】 木质藤本。小叶通常5，小叶片长圆形，先端长渐尖或尾尖，边缘有锐锯齿，两面均无毛，有散生小皮刺；托叶大部贴生于叶柄。花5～15朵，成伞房状花序；花直径3～4厘米，花瓣白色，宽倒卵形，花柱结合。果近球形，直径8～10毫米，成熟后褐红色。

【生　　境】 山谷林边或灌丛。

【花 果 期】 5—9月。

寒莓

Rubus buergeri

【鉴定特征】直立或匍匐小灌木，茎常伏地生根，密被绒毛状长柔毛，无刺或疏生小皮刺。单叶，卵形，基部心形，下面密被绒毛，边缘 5 ～ 7 浅裂，有不整齐锐锯齿，基部具掌状 5 出脉。短总状花序；花直径 0.6 ～ 1 厘米，花瓣倒卵形，白色。果实近球形，紫黑色。

【生　　境】杂木林下或灌丛。

【花果期】花期：7—8 月。果期：9—10 月。

山莓

Rubus corchorifolius

【鉴定特征】 直立灌木。枝具皮刺。单叶，卵形至卵状披针形，有不规则锐锯齿，基出 3 脉。花单生或少数生于短枝上；花直径可达 3 厘米；花瓣长圆形，白色；雄蕊多数，花丝宽扁；雌蕊多数，子房有柔毛。聚合果近球形，成熟时红色。

【生　境】 向阳山坡、溪谷。

【花果期】 花期：2—4 月。果期：4—6 月。

蔷薇科 Rosaceae

高粱泡

Rubus lambertianus

【鉴定特征】半落叶藤状灌木。单叶宽卵形，边缘明显3～5裂或呈波状；托叶离生，线状深裂。圆锥花序，有时仅数朵花簇生；花直径约8毫米；萼片卵状披针形，内萼片边缘具灰白色绒毛；花瓣倒卵形，白色，稍短于萼。果实小，近球形，由多数小核果组成。

【生　　境】山谷或路旁灌木丛中阴湿处。

【花 果 期】花期：7—8月。果期：9—11月。

灰白毛莓

Rubus tephrodes

【鉴定特征】 攀缘灌木。枝密被灰白色绒毛，疏生微弯皮刺、刺毛和腺毛。单叶近圆形，基部心形，基部有掌状 5 出脉，边缘有明显 5 ～ 7 圆钝裂片和不整齐锯齿。大型圆锥花序顶生；花直径约 1 厘米；花瓣小，白色；雌蕊 30 ～ 50。果实球形，直径达 1.4 厘米，紫黑色。

【生　　境】 山坡、路旁或灌丛。

【花 果 期】 花期：6—8 月。果期：8—10 月。

蔷薇科 Rosaceae

三花悬钩子

Rubus trianthus

【鉴定特征】藤状灌木，疏生皮刺。单叶，卵状披针形或长圆状披针形，常3裂，基部有3脉。花常3朵，有时为短总状花序；花直径1～1.7厘米；萼片三角形，顶端长尾尖；花瓣长圆形，白色；雄蕊多数，花丝宽扁；雌蕊10～50。果实近球形，红色。

【生　　境】山坡杂木林或路边灌丛。

【花果期】花期：4—5月。果期：5—6月。

石灰花楸

Sorbus folgneri

【鉴定特征】 乔木。叶片卵形，边缘有细锯齿，下面密被白色绒毛，侧脉通常 8～15 对，直达锯齿顶端。复伞房花序具多花；花直径 7～10 毫米；萼筒钟状，外被白色绒毛；萼片三角卵形；花瓣卵形，长 3～4 毫米，圆钝，白色；雄蕊 18～20；花柱 2～3。果实椭圆形，红色。

【生　　境】 山坡杂木林。

【花果期】 花期：4—5 月。果期：5—6 月。

蔷薇科 Rosaceae

绣球绣线菊

Spiraea blumei

【鉴定特征】 灌木。叶片菱状卵形至倒卵形，先端圆钝或微尖，边缘自近中部以上有少数圆钝缺刻状锯齿或 3～5 浅裂，基部具有不明显的 3 脉或羽状脉。伞形花序有总梗，具花 10～25 朵；花直径 5～8 毫米；花瓣宽倒卵形，先端微凹，白色；雄蕊 18～20，较花瓣短。

【生　　境】 向阳山坡杂木林或路旁。

【花 果 期】 花期：4—6 月。果期：8—10 月。

粉花绣线菊
Spiraea japonica

【鉴定特征】 直立灌木。叶片卵形至卵状椭圆形，边缘有缺刻状锯齿。复伞房花序生于当年生的直立新枝顶端；花密集，直径 4～7 毫米；花瓣卵圆形，粉红色；雄蕊 25～30，远较花瓣长；花盘圆环形，约有 10 个不整齐的裂片。蓇葖果半开张，花柱宿存。

【生　　境】 山坡灌丛或杂木林。

【花 果 期】 花期：6—7 月。果期：8—9 月。

华空木

Stephanandra chinensis

【鉴定特征】 灌木。叶片长椭卵形，长 5～7 厘米，先端渐尖，边缘常浅裂并有重锯齿。顶生疏松圆锥花序，长 5～8 厘米；萼筒杯状，萼片三角卵形；花瓣倒卵形，白色；雄蕊 10，着生在萼筒边缘；心皮 1，子房外被柔毛，花柱顶生，直立。蓇葖果近球形，具宿萼。

【生　　境】 阔叶林缘或灌丛。

【花果期】 花期：5 月。果期：7—8 月。

山槐

Albizia kalkora

【鉴定特征】 落叶小乔木或灌木，有显著皮孔。二回羽状复叶；羽片 2～4 对，小叶 5～14 对，基部不对称。头状花序 2～7 枚生于叶腋或于枝顶排成圆锥花序；花初白色，后变黄，具明显的小花梗；雄蕊长 2.5～3.5 厘米，基部连合呈管状。荚果带状，长 7～17 厘米，种子 4～12 颗。

【生　　境】 山坡灌丛或疏林。

【花果期】 花期：5—7 月。果期：9—11 月。

两型豆

Amphicarpaea edgeworthii

【鉴定特征】 一年生缠绕草本。羽状 3 小叶；顶生小叶菱状卵形，先端常具细尖头，基出脉 3；侧生小叶常偏斜。花二型，上部花 2 ～ 7 朵，排成腋生的短总状花序；花萼管状，5 裂；花冠淡紫色；雄蕊二体，子房被毛。下部为闭锁花，无花瓣，子房伸入地下结实。

【生　　境】 攀附林缘或灌丛。

【花果期】 8—11 月。

羽叶长柄山蚂蝗

Hylodesmum oldhamii

【鉴定特征】 多年生草本。叶为羽状复叶，小叶 7，偶为 3~5；托叶钻形；小叶纸质，披针形、长圆形或卵状椭圆形，顶生小叶较大，侧脉每边约 6 条。总状花序顶生或腋生，长达 40 厘米，花序轴被黄色短柔毛；花疏散；花冠紫红色，长约 7 毫米；雄蕊单体。荚果扁平，长约 3.4 厘米，通常有 2 个荚节。

【生　　境】 山坡或溪旁林下。

【花 果 期】 花期：8—9 月。果期：9—10 月。

豆科 Fabaceae

黄檀

Dalbergia hupeana

【鉴定特征】 乔木。羽状复叶长 15～25 厘米；小叶 3～5 对，近革质，椭圆形至长圆状椭圆形。圆锥花序连总花梗长 15～20 厘米；花萼钟状，萼齿 5，最下 1 枚披针形，长 2 倍于其他；花冠白色或淡紫色；雄蕊二体，5+5。荚果长圆形，有 1～3 粒种子。

【生　　境】 山地林中或灌丛。

【花 果 期】 5—7 月。

野大豆

Glycine soja

【鉴定特征】 一年生缠绕草本，疏被褐色长硬毛。3 小叶，顶生小叶卵圆形至卵状披针形。总状花序，花长约 5 毫米；花梗、花萼密生黄色长硬毛；花冠淡红紫色，旗瓣近圆形，基部具短柄，翼瓣斜倒卵形，有明显的耳。荚果长圆形，密被长硬毛；种子 2～3 颗。

【生　　境】 潮湿沟谷或灌丛。

【花 果 期】 花期：7—8 月。果期：8—10 月。

鸡眼草

Kummerowia striata

【鉴定特征】一年生草本，披散或平卧，茎枝被倒生白色细毛。三出羽状复叶；托叶大，膜质，具条纹，有长缘毛；小叶纸质，倒卵形，先端圆形。花小，1～3朵簇生于叶腋；花梗无毛，下端具2枚苞片；花冠粉红色或紫色。荚果圆形或倒卵形，较萼稍长。

【生　　境】山坡草地或旷野。

【花果期】花期：7—9月。果期：8—10月。

大叶胡枝子

Lespedeza davidii

【鉴定特征】 直立灌木。小叶 3，宽倒卵形，两面密被黄白色绢毛；托叶 2，卵状披针形。总状花序腋生或于枝顶形成圆锥花序；总花梗长 4～7 厘米；花萼阔钟形，5 深裂，裂片披针形；花红紫色，翼瓣狭长圆形，基部具弯钩形耳和细长瓣柄；子房密被毛。

【生　　境】 干旱山坡、路旁或灌丛。

【花果期】 花期：7—9 月。果期：9—10 月。

豆科 Fabaceae

美丽胡枝子

Lespedeza formosa

【鉴定特征】 直立灌木。小叶长圆状椭圆形，长 2.5～6 厘米。总状花序单生或构成顶生圆锥花序；总花梗长可达 10 厘米；花萼钟状，5 深裂，裂片长圆状披针形，长为萼筒的 2～4 倍，外面密被短柔毛；花冠红紫色，长 1～1.5 厘米。荚果倒卵形，表面具网纹和疏柔毛。

【生　　境】 山坡路旁及林缘灌丛。

【花 果 期】 9—11 月。

长柄山蚂蝗

Podocarpium podocarpum

【鉴定特征】 直立草本。羽状三出复叶，小叶纸质，顶生小叶宽倒卵形，先端凸尖，长 4～7 厘米，侧生小叶斜卵形，较小。总状或圆锥花序，果期可延长至 40 厘米，每节生 2 朵花；花冠紫红色，长约 4 毫米；雄蕊单体。节荚 2，背缝线弯曲，节间深凹入达腹缝线。

【生　　境】 山坡路旁或次生阔叶林下。

【花果期】 8—9 月。

葛

Pueraria montana

【鉴定特征】 粗壮藤本，全体被黄色长硬毛。羽状 3 小叶，小叶 3 裂或偶全缘；托叶背着。总状花序长 15～30 厘米，每节有花 2～3 朵；花冠长 10～12 毫米，紫色，旗瓣倒卵形，基部有 2 耳及黄色硬痂状附属体。荚果扁平，长 5～9 厘米，被褐色长硬毛。

【生　　境】 山坡林地或灌丛。

【花 果 期】 花期：9—10 月。果期：11—12 月。

白车轴草

Trifolium repens

【鉴定特征】 多年生草本。茎匍匐蔓生。掌状三出复叶,小叶倒卵形至近圆形;托叶膜质,基部鞘状抱茎。花密集,球状顶生;总花梗甚长;萼钟形,具10脉纹,萼齿5,披针形;花冠白色、乳黄色或淡红色,具香气。荚果长圆形,种子通常3粒。

【生　　境】 路旁草地逸生或栽培。

【花 果 期】 5—10月。

酢浆草

Oxalis corniculata

【鉴定特征】 细弱草本，全株被柔毛。小叶3，无柄，倒心形，先端凹入。花单生或数朵集为伞形花序；花梗长4～15毫米，果后延伸；小苞片2；萼片5，宿存；花瓣5，黄色，长圆状倒卵形；雄蕊10；子房5室，花柱5。蒴果长圆柱形，5棱。

【生　　境】 路边或林下阴湿处。

【花 果 期】 2—9月。

山酢浆草
Oxalis griffithii

【鉴定特征】多年生草本。节间具1～2毫米长的褐色或白色小鳞片和细弱的不定根。叶基生，小叶3，倒三角形。花梗基生，单花；苞片2，对生；萼片5，宿存；花瓣5，白色或稀粉红色，倒心形，具白色或带紫红色脉纹；雄蕊10；子房5室，花柱5。蒴果近球形。

【生　　境】沟谷林下阴湿处。

【花果期】花期：5—9月。果期：5—10月。

尼泊尔老鹳草

Geranium nepalense

【鉴定特征】 多年生草本。叶对生或偶互生；下部叶具长柄，被开展的倒向柔毛；叶片五角状肾形，掌状 5 深裂，边缘齿状浅裂或缺刻状；上部叶片较小，常 3 裂。总花梗腋生，被倒向柔毛，每梗具花 2 朵；花瓣紫红色，倒卵形。蒴果长 1～2 厘米，被长柔毛。

【生　　境】 路边或林下。

【花果期】 花期：4—9 月。果期：5—10 月。

老鹳草

Geranium wilfordii

【鉴定特征】 多年生草本。茎假二叉状分枝，被倒向短柔毛，有时上部混生开展腺毛。叶对生；基生叶片圆肾形，5 深裂达 2/3 处，茎生叶 3 裂至 3/5 处。花序腋生和顶生，稍长于叶，每梗具花 2 朵；萼片长卵形或卵状椭圆形；花瓣白色或淡红色，倒卵形。

【生　　境】 林下或路边草地。

【花 果 期】 花期：6—8 月。果期：8—9 月。

Euphorbiaceae

铁苋菜

Acalypha australis

【鉴定特征】一年生草本。叶膜质，长卵形或阔披针形，长3～9厘米，基出3脉，侧脉3对。花序腋生，长1.5～5厘米，雌花苞片1～2枚，卵状心形，花后增大，长1.4～2.5厘米，苞腋具雌花1～3朵；雄花生于花序上部，穗状或头状，雄花苞片卵形，苞腋具雄花5～7朵，簇生。

【生　　境】疏林、路边或空旷草地。

【花果期】4—12月。

算盘子

Glochidion puberum

【鉴定特征】 直立灌木，多被短柔毛。叶片纸质或近革质，长卵形或倒卵状长圆形；侧脉每边 5～7 条，网脉明显。花 2～5 朵簇生于叶腋；雄花花梗长 4～15 毫米，3 雄蕊合生呈圆柱状；雌花花梗长约 1 毫米；子房圆球状，5～10 室，每室有 2 颗胚珠，花柱合生呈环状。

【生　　境】 山坡林缘或溪旁灌丛。

【花 果 期】 花期：4—8 月。果期：7—11 月。

大戟科 Euphorbiaceae

湖北算盘子
Glochidion wilsonii

【鉴定特征】 灌木。除叶柄外，全株均无毛。叶片纸质，斜披针形，长3～10厘米。花绿色，雌雄同株，簇生于叶腋；雄花梗长约8毫米，萼片6；雌花花梗短，子房6～8室，花柱合生呈圆柱状，顶端多裂。蒴果扁球状；种子近三棱形，红色。

【生　　境】 山地灌丛。

【花 果 期】 花期：4—7月。果期：6—9月。

叶下珠

Phyllanthus urinaria

【鉴定特征】 一年生草本。叶片纸质，因叶柄扭转而呈羽状排列，长圆形，长 4 ～ 10 毫米。雄花 2 ～ 4 朵簇生于叶腋，常仅 1 朵开花，基部有苞片 1 ～ 2 枚；雄蕊 3，花丝合生成柱状；花盘腺体 6，分离；雌花单生于中下部叶腋。蒴果圆球状，红色，表面具小凸刺，花柱和萼片宿存。

【生   境】 路旁林缘或荒野。

【花 果 期】 花期：4—6 月。果期：7—11 月。

大戟科 Euphorbiaceae

白木乌桕

Neoshirakia japonica

【鉴定特征】 灌木或乔木。叶互生，纸质，叶卵状椭圆形，两侧常不等，全缘，背面中上部常于近边缘的脉上有散生的腺体，基部靠近中脉之两侧亦具2腺体；侧脉8～10对。花单性，雌雄同株常同序，聚集成顶生纤细总状花序。子房卵球形，3室，柱头3。

【生　　境】 林中湿润处或溪涧边。

【花果期】 5—6月。

交让木

Daphniphyllum macropodum

【鉴定特征】 灌木或小乔木。叶革质，长圆形至倒披针形，侧脉纤细而密，12～18 对；叶柄紫红色，粗壮。雄花序长 5～7 厘米，雄花花梗长约 0.5 厘米；雄蕊 8～10；雌花序长 4.5～8 厘米；子房基部具大小不等的不育雄蕊 10；柱头 2。核果椭圆形，柱头宿存。

【生　　境】 阔叶林中。

【花 果 期】 花期：3—5 月。果期：8—10 月。

芸香科 Rutaceae

臭节草

Boenninghausenia albiflora

【鉴定特征】 常绿草本。叶薄纸质，小裂片倒卵形。花序复总状；花瓣白色，有时顶部桃红色，有透明油点；8 枚雄蕊长短相间，花丝白色，花药红褐色；子房绿色，基部有细柄。每分果瓣有种子 4 粒；种子肾形，表面有细瘤状凸体。

【生　　境】 草丛或疏林。

【花 果 期】 7—11 月。

楝叶吴萸

Tetradium glabrifolium

【鉴定特征】高大乔木。树皮平滑，散生小皮孔。小叶 5~9 片，很少 11 片，斜卵形至斜披针形，两侧甚不对称，叶背灰绿色，沿中脉两侧有灰白色卷曲长毛或在脉腋上有卷曲丛毛。花序顶生，花甚多；5 基数。成熟心皮 4~5，稀 3 个，紫红色，每分果瓣有 1 颗种子；种子褐黑色，有光泽。

【生　　境】山谷较湿润处。

【花果期】花期：6—8 月。果期：8—10 月。

远志科 Polyganaceae

瓜子金

Polygala japonica

【鉴定特征】 多年生草本。单叶互生，叶片厚纸质或亚革质，卵状披针形。总状花序。萼片5，宿存，外面3枚披针形，里面2枚花瓣状；花瓣3，白色至紫色，基部合生，龙骨瓣舟状，具流苏状鸡冠；雄蕊8，花丝合生成鞘，柱头2。蒴果圆形，种子2粒。

【生　　境】 山坡草地或荒地。

【花果期】 花期：4—5月。果期：5—8月。

盐肤木
Rhus chinensis

【鉴定特征】 落叶小乔木或灌木。奇数羽状复叶有小叶 3 ～ 6 对，叶轴具宽翅，叶轴和叶柄密被锈色柔毛，边缘具粗齿。圆锥花序宽大，多分枝，雄花序长 30 ～ 40 厘米，雌花序较短，密被锈色柔毛；花白色。核果球形，略压扁，被具节柔毛和腺毛，成熟时红色。

【生　　境】 向阳山坡、疏林。

【花果期】 花期：8—9 月。果期：10 月。

三角槭

Acer buergerianum

【鉴定特征】 落叶乔木。叶纸质，长 6 ～ 10 厘米，通常浅 3 裂。花多数，常成伞房花序；萼片 5，黄绿色；花瓣 5，淡黄色；雄蕊 8；子房密被淡黄色长柔毛，花柱短，2 裂。翅果黄褐色；小坚果特别凸起，翅与小坚果共长 2 ～ 2.5 厘米，张开成锐角或近直立。

【生　　境】 阔叶林或栽培行道树。

【花果期】 花期：4 月。果期：8—9 月。

青榨槭

Acer davidii

【鉴定特征】 落叶乔木。叶纸质，长圆形，先端常有尖尾，基部近心形或圆形，边缘具不整齐的钝圆齿。花黄绿色，杂性，雄花与两性花同株，成下垂的总状花序，顶生于着叶的嫩枝上。翅果成熟后黄褐色，连同小坚果共长 2.5 ～ 3 厘米，展开成钝角或几水平。

【生　　境】 山坡疏林。

【花 果 期】 花期：4 月。果期：9 月。

鸡爪槭

Acer palmatum

【鉴定特征】 落叶小乔木。叶纸质，轮廓圆形，5～9掌状分裂，裂片长卵形或披针形，下面在脉腋有白色丛毛。花紫色，杂性，雄花与两性花同株，伞房花序，花先叶开放；萼片和花瓣5；雄蕊8，内藏；花柱长，2裂。翅果嫩时紫红色，长2～2.5厘米，张开成钝角。

【生　　境】 常见栽培。

【花果期】 花期：5月。果期：9月。

垂枝泡花树

Meliosma flexuosa

【鉴定特征】 小乔木。单叶，倒卵状椭圆形，先端渐尖，边缘具侧脉伸出成凸尖的粗锯齿；侧脉每边 12～18 条；叶柄长 0.5～2 厘米，上面具宽沟，基部稍膨大包裹腋芽。圆锥花序顶生，向下弯垂，连柄长 12～18 厘米，主轴及侧枝在果序时呈之字形曲折；花白色。

【生　　境】 林缘。

【花 果 期】 花期：5—6 月。果期：7—9 月。

清风藤

Sabia japonica

【鉴定特征】 落叶攀缘木质藤本。叶纸质，卵状椭圆形，叶背带白色，侧脉每边 3～5 条。花先叶开放，单生于叶腋，基部有苞片 4 枚；萼片 5；花瓣 5，淡黄绿色，具脉纹；雄蕊 5 枚；花盘杯状，有 5 裂齿；柱头针形。

【生　　境】 山谷、林缘灌丛。

【花 果 期】 花期：2—3 月。果期：4—7 月。

牯岭凤仙花

Impatiens davidii

【鉴定特征】一年生粗壮草本，下部节膨大。叶互生；叶片膜质，先端尾状渐尖，边缘有粗齿，齿端具小尖。花单生，淡黄色；萼片2；旗瓣背面中肋具宽翅；唇瓣囊状，尾部成钩状距，距2裂。蒴果线状圆柱形，褐色，光滑。

【生　　境】沟边草丛或山谷阴湿处。

【花果期】7—9月。

南蛇藤

Celastrus orbiculatus

【鉴定特征】 木质藤本。小枝光滑无毛,具稀而不明显的皮孔。叶通常阔倒卵形,有锯齿,侧脉 3 ～ 5 对。聚伞花序腋生,花序长 1 ～ 3 厘米,小花 1 ～ 3 朵;花两性;柱头 3 深裂,先端再 2 浅裂。蒴果近球状,直径 8 ～ 10 毫米。

【生　境】 山坡灌丛。

【花果期】 花期:5—6 月。果期:7—10 月。

白杜

Euonymus maackii

【鉴定特征】 小乔木。叶卵状椭圆形，长 4 ～ 8 厘米，边缘具细锯齿；叶柄常细长。聚伞花序具 3 至多朵花；花 4 数，淡黄绿色，直径约 8 毫米；花药紫红色，花丝细长。蒴果倒圆心状，4 浅裂，成熟后果皮粉红色；种子长椭圆状，假种皮橙红色，全包种子。

【生　　境】 路旁林缘。

【花果期】 花期：5—6 月。果期：9 月。

野鸦椿

Euscaphis japonica

【鉴定特征】落叶小乔木或灌木，枝叶揉碎后有恶臭味。叶对生，奇数羽状复叶，小叶5～9，厚纸质，边缘具疏腺齿。圆锥花序顶生，花密集，黄白色；萼片与花瓣均5；心皮3，分离。蓇葖果长1～2厘米，果皮软革质，紫红色，有纵脉，假种皮肉质，黑色有光泽。

【生　境】林缘、灌丛。

【花果期】花期：5—6月。果期：8—9月。

瘿椒树

Tapiscia sinensis

【鉴定特征】 落叶乔木。奇数羽状复叶，小叶5～9，基部心形，具锯齿，背面灰白色，密被近乳头状白粉点。圆锥花序腋生；花小，长约2毫米，黄色，有香气；花瓣5；雄蕊5，与花瓣互生，伸出花外；子房1室，有1粒胚珠。果序长达10厘米，核果椭圆形。

【生　　境】 山地林中。

【花 果 期】 花期：6—7月。果期：9—10月。

牯岭勾儿茶

Berchemia kulingensis

【鉴定特征】藤状或攀缘灌木。叶纸质，卵状椭圆形，顶端钝圆或锐尖，侧脉每边 7～10 条。花绿色，通常 2～3 个簇生，排成疏散聚伞总状花序，花序长 3～5 厘米；萼片三角形，边缘被疏缘毛；花瓣倒卵形。核果长圆柱形，红色，成熟时黑紫色，基部宿存的花盘盘状。

【生　　境】山谷灌丛、林缘或林中。

【花 果 期】花期：6—7 月。果期：翌年 4—6 月。

长叶冻绿

Rhamnus crenata

【鉴定特征】 落叶灌木或小乔木。叶纸质，倒卵状椭圆形，长 4 ~ 14 厘米，顶端渐尖、尾尖或骤缩成短尖，边缘具圆齿或细齿，侧脉每边 7 ~ 12 条。花数个密集成腋生聚伞花序，总花梗长 4 ~ 10 毫米；花瓣近圆形，顶端 2 裂。核果倒卵状球形，成熟时黑色或紫黑色。

【生　　境】 林下或灌丛。

【花 果 期】 花期：5—8 月。果期：8—10 月。

牯岭蛇葡萄

Ampelopsis glandulosa var. *kulingensis*

【鉴定特征】木质藤本，被短柔毛或几无毛。卷须2～3叉分枝，相隔2节间断与叶对生。单叶，显著呈五角形，基出5脉，上部侧脉明显外倾。花序梗长1～2.5厘米；萼碟形，边缘波状浅齿；花瓣5，椭圆形；雄蕊5；花盘明显，边缘浅裂。果实近球形，有种子2～4颗。

【生　　境】沟谷林下或山坡灌丛。

【花果期】花期：4—6月。果期：7—10月。

乌蔹莓

Cayratia japonica

【鉴定特征】 草质藤本。卷须 2 ～ 3 叉分枝，相隔 2 节间断与叶对生。叶为鸟足状 5 小叶，每侧有 6 ～ 15 个锯齿；侧脉 5 ～ 9 对。花序腋生，复二歧聚伞花序；花序梗长 1 ～ 13 厘米；花瓣 4，外面被乳突状毛；雄蕊 4；花盘发达，4 浅裂。果实近球形，直径约 1 厘米，有种子 2 ～ 4 颗。

【生　　境】 山谷林中或山坡灌丛。

【花 果 期】 花期：3—8 月。果期：8—11 月。

木芙蓉

Hibiscus mutabilis

【鉴定特征】 落叶灌木或小乔木，密被星状毛与直毛相混的细绵毛。叶宽卵形或心形，直径10～15厘米，常5～7裂；主脉7～11条。小苞片8，线形；萼钟形，裂片5；花初开时白色或淡红色，后变深红色，直径约8厘米；雄蕊柱长2.5～3厘米；花柱枝5。蒴果扁球形，分果5。

【生　　境】 常见栽培。

【花果期】 8—10月。

木槿

Hibiscus syriacus

【鉴定特征】 落叶灌木，小枝密被黄色星状绒毛。叶菱形至三角状卵形，长 3～10 厘米，3
裂或不裂，先端钝，基部楔形。花单生于枝端叶腋；小苞片 6～8；花萼钟形，密被星状短绒毛，
裂片 5，三角形；花钟形，淡紫色，直径 5～6 厘米。蒴果卵圆形，密被黄色星状绒毛。

【生　　境】 常见栽培。

【花 果 期】 7—10 月。

田麻

Corchoropsis tomentosa

【鉴定特征】 一年生草本。叶狭卵形，边缘有钝齿，两面均密生星状短柔毛，基出3脉。花有细柄，单生于叶腋，直径1.5～2厘米；萼片5，狭窄披针形；花瓣5，黄色；可育雄蕊15，3枚一束，退化雄蕊5枚，与萼片对生。蒴果角状圆筒形，有星状柔毛。

【生　　境】 林缘、路边湿润处。

【花果期】 夏季。

短毛椴

Tilia breviradiata

【鉴定特征】 乔木。叶阔卵形，长5～10厘米，基部斜截形至心形，下面被点状短星状毛，仅在脉腋内有毛丛，侧脉6～7对，边缘有锯齿。聚伞花序有花4～10朵，花序柄有星状柔毛；苞片狭窄倒披针形，长7～9厘米，下部有长5～8毫米的短柄，中部以下与花序柄合生。

【生　　境】 阔叶林下或林缘。

【花 果 期】 6—7月。

胡颓子

Elaeagnus pungens

【鉴定特征】 常绿直立灌木，具刺；幼枝、叶被、果密被锈色鳞片。叶革质，椭圆形，侧脉 7～9 对，上面显著凸起。花淡白色，下垂，密被鳞片，1～3 朵花生于短枝叶腋；萼圆筒形，在子房上骤收缩，内面疏生白色星状短柔毛。果实椭圆形，成熟时红色。

【生　　境】 向阳山坡或路旁。

【花果期】 花期：9—12 月。果期：翌年 4—6 月。

南山堇菜

Viola chaerophylloides

【鉴定特征】 多年生草本。基生叶 2～6 枚，具长柄；叶片 3 全裂，侧裂片 2 深裂，中央裂片 2～3 深裂；托叶膜质，1/2 以上与叶柄合生，宽披针形。花较大，直径 2～2.5 厘米，白色或淡紫色，有香味；下方花瓣有紫色条纹，连距长 16～20 毫米。蒴果大，长椭圆状。

【生　　境】 山地阔叶林、溪谷阴湿处、阳坡灌丛及草坡。

【花 果 期】 4—9 月。

堇菜科 Violaceae

紫花堇菜
Viola grypoceras

【鉴定特征】 多年生草本，多被褐色腺点。基生叶宽心形，长1～4厘米；茎生叶三角状或狭卵状心形；托叶狭披针形，长1～1.5厘米，边缘具流苏状长齿。花淡紫色；花瓣倒卵状长圆形，边缘波状，侧瓣里面无须毛；下方2枚雄蕊具长距，距近直立。

【生　　境】 林下、路旁灌草丛。

【花果期】 花期：4—5月。果期：6—8月。

萱

Viola moupinensis

【鉴定特征】 多年生草本。叶基生，心形，花后增大呈肾形，宽约 10 厘米，边缘有具腺体的钝齿；托叶离生，卵形，长 1～1.8 厘米，边缘疏生细锯齿或全缘。花较大，淡紫色或白色而具紫色条纹；柱头平截，两侧及后方具肥厚的缘边，前方具平伸的短喙。

【生　　境】 林缘、灌草丛、溪旁。

【花 果 期】 花期：4—6 月。果期：5—7 月。

斑叶堇菜

Viola variegata

【鉴定特征】 多年生草本。叶基生莲座状，叶片圆卵形，长 1.2～5 厘米，基部明显呈心形，沿叶脉有明显的白色斑纹，两面通常密被短粗毛；托叶近膜质，2/3 与叶柄合生，边缘疏生流苏状腺齿。花紫红色；萼片通常带紫色，具狭膜质边并被缘毛，具 3 脉。

【生　　境】 山坡草地、林下、灌丛或阴处石隙。

【花 果 期】 花期：4 月下旬至 8 月。果期：6—9 月。

中国旌节花

Stachyurus chinensis

【鉴定特征】 落叶灌木。叶互生，纸质至膜质，卵形至长圆状椭圆形，先端渐尖至短尾尖，边缘为圆锯齿，侧脉5～6对，两面均凸起。穗状花序腋生，先叶开放，长5～10厘米；花黄色；苞片1；小苞片2；萼片和花瓣4；雄蕊8，花药纵裂，2室。果实圆球形。

【生　　境】 山坡谷地林中或林缘。

【花果期】 花期：3—4月。果期：5—7月。

中华秋海棠

Begonia grandis subsp. *sinensis*

【鉴定特征】 中型草本。叶三角状卵形，下面色淡，偶带红色，基部心形，宽侧下延呈圆形。花序呈伞房状至圆锥状二歧聚伞花序；花小，雄蕊多数，整体呈球状；花柱基部合生，有分枝，柱头呈螺旋状扭曲，稀呈 U 字形。蒴果具 3 个不等大的翅。

【生　　境】 山谷疏林或阴湿岩石上。

【花 果 期】 花期：5—8 月。果期：8—9 月。

绞股蓝

Gynostemma pentaphyllum

【鉴定特征】 草质藤本。叶膜质或纸质，鸟足状 3～9 小叶，侧脉 6～8 对。卷须纤细，2 歧。花雌雄异株。雄花圆锥花序，纤细多分枝；花冠淡绿色或白色，5 深裂；雄蕊 5，花丝联合。雌花圆锥花序远较小；花柱 3，柱头 2 裂。浆果球形，内含倒垂种子 2 粒。

【生　　境】 山谷林地或灌草丛。

【花 果 期】 花期：3—11 月。果期：4—12 月。

长萼栝楼

Trichosanthes laceribractea

【鉴定特征】攀缘草本。单叶互生,叶片轮廓阔卵形,形状变化较大,常3～7裂,掌状脉5～7条。卷须2～3歧。雄花总状,总梗粗壮;花萼筒狭长,顶端扩大,边缘具锐齿;花冠白色,边缘具长流苏。雌花单生,基部具1枚齿裂状苞片。果实卵球形,直径5～8厘米,成熟时橙红色。

【生　　境】山谷密林中或山坡路旁。

【花 果 期】花期:7—8月。果期:9—10月。

紫薇

Lagerstroemia indica

【鉴定特征】 落叶灌木或小乔木。树皮平滑，小枝具4棱，略成翅状。叶纸质，椭圆形或倒卵形，侧脉3～7对。花淡红色或紫色，直径3～4厘米，常组成7～20厘米的顶生圆锥花序；花瓣6，皱缩，长12～20毫米，具长爪；雄蕊36～42；子房3～6室。蒴果椭球形，室背开裂。

【生　　境】 常见栽培。

【花果期】 花期：7月。果期：8月。

异药花

Fordiophyton faberi

【鉴定特征】 草本或亚灌木，多被腺毛及白色小腺点。叶片膜质，广披针形至卵形，同对叶大小差别较大，基出5脉。聚伞花序，伞梗基部具1圈覆瓦状排列的苞片；花萼长漏斗形，具4棱和8脉；花瓣紫红色；长花药基部呈羊角状。蒴果倒圆锥形，顶孔4裂。

【生　　境】 林下或路边灌丛。

【花果期】 花期：8—9月。果期：6月。

楮头红

Sarcopyramis napalensis

【鉴定特征】 直立草本。茎四棱形，肉质。叶膜质，广卵形或卵形，基出 3～5 脉；叶柄具狭翅。聚伞花序具 1～3 朵花，生于枝顶，基部具 2 枚苞叶；花萼四棱形，棱上有狭翅，具流苏状长缘毛；花瓣粉红色；雄蕊等长，药隔基部下延成极短的距。蒴果杯形，具四棱。

【生　　境】 林下阴湿处或溪边。

【花 果 期】 花期：8—10 月。果期：9—12 月。

高山露珠草

Circaea alpina

【鉴定特征】小草本。叶形变异极大，自狭卵状菱形或椭圆形至近圆形，边缘近全缘至尖锯齿。顶生总状花序长12（17）厘米，基部有时有一刚毛状小苞片。花瓣白色，狭倒三角形；蜜腺不明显，藏于花管内。果实棒状至倒卵状，基部平滑地渐狭向果梗，1室，具1粒种子。

【生　　境】林下或沟边阴湿处。

【花果期】花期：7—10月。果期：8—11月。

八角枫

Alangium chinense

【鉴定特征】 落叶灌木或小乔木。叶纸质，基部常不对称；基出掌状脉，侧脉 3～5 对。聚伞花序腋生，花冠圆筒形，顶端 5～8 齿裂片，基部黏合，上部花后反卷；花盘近球形；子房 2 室，柱头常 2～4 裂。核果卵圆形，成熟后黑色，种子 1 粒。

【生　　境】 路边林缘。

【花 果 期】 花期：5—7 月和 9—10 月。果期：7—11 月。

山茱萸科 Cornaceae

花叶青木

Aucuba japonica var. *variegata*

【鉴定特征】 常绿灌木。枝叶对生。叶革质，长椭圆形，有大小不等的黄色或淡黄色斑点。圆锥花序顶生，雄花序长 7～10 厘米，花瓣卵状披针形，暗紫色；雌花序长 2～3 厘米，具 2 枚小苞片，花柱粗壮，柱头偏斜。果卵圆形，暗紫色，长 2 厘米，具种子 1 粒。

【生　　境】 常见栽培。

【花 果 期】 花期：3—5 月。果期：11 月至翌年 4 月。

灯台树

Cornus controversa

【鉴定特征】落叶乔木。叶互生，纸质，阔卵形，全缘，下面密被淡白色平贴短柔毛，侧脉6～7对。伞房状聚伞花序顶生；花小，白色，花萼和花瓣4，长圆披针形；雄蕊4；子房下位，密被灰白色贴生短柔毛。核果球形，成熟时紫红色至蓝黑色；核骨质。

【生　　境】阔叶林或针阔叶混交林中。

【花果期】花期：5—6月。果期：7—10月。

四照花

Cornus kousa subsp. *chinensis*

【鉴定特征】 落叶小乔木。叶对生，厚纸质，卵状椭圆形，先端有尖尾，背面粉绿色，脉腋具黄色绢状毛。头状花序由 40 ～ 50 朵花聚集而成；总苞片 4，白色；花萼管状，内侧有一圈褐色短柔毛，上部 4 裂；子房下位，花柱密被白色粗毛。果序球形，成熟时红色。

【生　　境】 林缘或林中。

【花 果 期】 4—9 月。

吴茱萸五加

Acanthopanax evodiaefolius

【鉴定特征】 灌木或乔木。叶有 3 小叶，在长枝上互生，在短枝上簇生；小叶片纸质至革质，侧脉 6 ～ 8 对。顶生复伞形花序，稀单生；花瓣 5，黄绿色，长卵形，开花时反曲；雄蕊 5；子房 2 ～ 4 室。果实球形，直径 5 ～ 7 毫米，黑色，有 2 ～ 4 浅棱，花柱宿存。

【生　境】 阔叶林中或林缘。

【花 果 期】 花期：5—7 月。果期：8—10 月。

楤木
Aralia chinensis

【鉴定特征】 灌木或乔木，叶背和花序密生淡黄棕色或灰色短柔毛。二回或三回羽状复叶，长 60 ～ 110 厘米；叶轴常具细刺；羽片有小叶 5 ～ 11，稀 13；小叶片纸质至薄革质，长卵形，长 5 ～ 12 厘米，侧脉 7 ～ 10 对，有锯齿。圆锥花序长 30 ～ 60 厘米；花白色，芳香；子房 5 室，花柱 5。

【生　　境】 林下或林缘路边。

【花 果 期】 花期：6—8 月。果期：9—10 月。

常春藤

Hedera nepalensis var. sinensis

【鉴定特征】 常绿攀缘灌木，有气生根。叶片革质，叶形多变，常为三角状长圆形，无托叶。伞形花序单个顶生，或总状排列或伞房状排列成圆锥花序；苞片小，花淡黄白色或淡绿白色，芳香；花瓣5；雄蕊5；子房5室；花盘隆起，黄色。果实球形。

【生　　境】 林缘树木、林下路旁、岩石和房屋墙壁上，庭园中也常栽培。

【花果期】 花期：9—11月。果期：翌年3—5月。

拐芹

Angelica polymorpha

【鉴定特征】 多年生草本。茎单一，细长，中空，节处常为紫色。叶二至三回羽状分裂，叶轴及小叶柄膝曲或反卷，上部叶简化为略膨大的叶鞘。复伞形花序，伞辐 11 ~ 20；萼齿多退化，花瓣白色。果实长圆形，棱槽内有油管 1，合生面油管 2。

【生　　境】 山沟溪流、阴湿草丛。

【花 果 期】 花期：8—9 月。果期：9—10 月。

鸭儿芹

Cryptotaenia japonica

【鉴定特征】 多年生草本。叶片轮廓三角形至广卵形，通常 3 小叶，小叶边缘有不规则的尖锐重锯齿。复伞形花序呈圆锥状，花序梗不等长，总苞片 1；伞辐 2～3；小总苞片 1～3。小伞形花序有花 2～4；花瓣白色。分生果线状长圆形，每棱槽有油管 1～3，合生面油管 4。

【生　　境】 山地、山沟及林下阴湿处。

【花 果 期】 花期：4—5 月。果期：6—10 月。

天胡荽

Hydrocotyle sibthorpioides

【鉴定特征】 多年生匍匐草本，有气味。叶片膜质至草质，圆肾形，不分裂或 5～7 裂。伞形花序与叶对生，单生于节上；花序梗纤细；小伞形花序有花 5～18；花瓣卵形，绿白色，有腺点。果实略呈心形，两侧扁压，中棱在果熟时极度隆起，成熟时有紫色斑点。

【生　　境】 河沟边、林下或湿润草地。

【花 果 期】 4—9 月。

水芹

Oenanthe javanica

【鉴定特征】 多年生草本。叶片轮廓三角形，一至二回羽状分裂，长 2 ～ 5 厘米，边缘有牙齿或圆齿。复伞形花序顶生，花序梗长 2 ～ 16 厘米；无总苞；伞辐 6 ～ 16，不等长；小总苞片 2 ～ 8，线形；小伞形花序有花 20 余朵；花瓣白色，倒卵形，有一长而内折的小舌片。

【生　　境】 浅水低洼地或池沼、水沟旁。

【花 果 期】 花期：6—7 月。果期：8—9 月。

直刺变豆菜

Sanicula orthacantha

【鉴定特征】 多年生草本。基生叶圆心形，掌状 3 全裂。花序通常 2～3 分枝，在分叉间或在侧枝上有时有 1 短缩的分枝；总苞片 3～5；伞形花序 3～8；伞辐长 3～8 毫米；小伞形花序有花 6～7 朵，雄花 5～6；花瓣白色、淡蓝色或紫红色，倒卵形，顶端内凹的舌片呈三角状。果实卵形，外面有短直皮刺。

【生　　境】 山涧林下、路旁、沟谷及溪边。

【花果期】 4—9 月。

牯岭东俄芹

Tongoloa stewardii

【鉴定特征】 多年生草本。叶鞘边缘膜质，抱茎；叶片轮廓呈阔三角形，三出式二至三回羽状复叶。复伞形花序；总苞片 1～3；伞辐 11～15，长 3～7 厘米；小伞形花序有花 9～20朵；花瓣白色，倒卵形。果实圆心形，顶端及合生面略收缩，主棱 5，每棱槽有油管 2～3，合生面 4。

【生　　境】 山谷湿地草丛及路边。

【花果期】 6—11 月。

髭脉桤叶树

Clethra barbinervis

【鉴定特征】 落叶灌木或乔木。叶薄纸质，倒卵状椭圆形，先端骤然短尖至渐尖，侧脉 10～16 对。总状花序 3～6 枝成圆锥花序；萼 5 深裂；花瓣 5，白色，芳香，雄蕊 10，花药倒箭头形；花柱紫黑色，顶端 3 深裂。蒴果近球形，宿存花柱长 5～6 毫米。

【生　　境】 山谷疏林，栽培。

【花 果 期】 花期：7—8 月。果期：9 月。

云锦杜鹃

Rhododendron fortunei

【鉴定特征】 常绿灌木或小乔木。叶厚革质，长圆状椭圆形，侧脉 14 ～ 16 对。顶生总状伞形花序，有花 6 ～ 12 朵，有香味；花萼边缘有浅裂片 7，具腺体；花冠漏斗状钟形，长 4.5 ～ 5 厘米，粉红色，裂片 7；雄蕊 14，不等长；子房圆锥形，密被腺体，10 室，花柱约 3 厘米。

【生　　境】 山坡阳处或林下。

【花 果 期】 花期：4—5 月。果期：8—10 月。

杜鹃花科 Ericaceae

满山红

Rhododendron mariesii

【鉴定特征】 落叶灌木。叶厚纸质或近革质，常 2～3 片集生枝顶，边缘微反卷。花通常 2 朵顶生，先花后叶；花梗直立，长 7～10 毫米；花萼环状，5 浅裂；花冠漏斗形，紫红色，长 3～3.5 厘米，5 深裂，上方裂片具紫红色斑点；雄蕊 8～10，不等长。蒴果椭圆状卵球形。

【生　　境】 山坡稀疏灌丛。

【花果期】 花期：4—5 月。果期：6—11 月。

矮桃

Lysimachia clethroides

【鉴定特征】 多年生草本，全株被黄褐色卷曲柔毛。叶互生，全缘，两面散生黑色粒状腺点。总状花序顶生，花密集，常转向一侧；花冠白色，基部合生；雄蕊内藏，被腺毛；子房卵球形，花柱稍粗。蒴果近球形。

【生　　境】 路边、林下。

【花 果 期】 花期：5—7月。果期：7—10月。

临时救

Lysimachia congestiflora

【鉴定特征】匍匐草本。叶对生，茎端的 2 对间距短，近密聚，叶片卵形至近圆形。花 2～4 朵集生顶端成近头状的总状花序；花梗极短或长至 2 毫米；花冠黄色，内面基部紫红色，5 裂，长 9～11 毫米，散生暗红色或变黑色的腺点；花丝下部合生成筒。

【生　　境】山坡林缘、草地和水沟边。

【花 果 期】花期：5—6 月。果期：7—10 月。

小叶白辛树

Pterostyrax corymbosus

【鉴定特征】 乔木，多被星状柔毛。叶纸质，宽倒卵形，边缘有锐齿，侧脉 7～9 条。圆锥花序伞房状，长 3～8 厘米；花白色，长约 1 厘米；花萼钟状，5 脉，顶端 5 齿；花瓣近基部合生；雄蕊 10 枚，5 长 5 短，中部以下联合成管。果实倒卵形，5 翅，具长喙。

【生　　境】 河边、林缘湿润处。

【花果期】 花期：3—4 月。果期：5—9 月。

野茉莉

Styrax japonicus

【鉴定特征】 灌木或小乔木。叶互生，纸质或近革质，卵状椭圆形，长4～10厘米，下面脉腋有白色长髯毛。总状花序顶生，有花5～8朵，长5～8厘米；花白色，长2～3厘米，花梗纤细；花萼漏斗状，膜质。果实卵形，外面密被灰色星状绒毛，有不规则皱纹。

【生　　境】 向阳山坡或山脊。

【花果期】 花期：4—7月。果期：9—11月。

光亮山矾

Symplocos lucida

【鉴定特征】 常绿小乔木。叶薄革质，长圆形或狭椭圆形，长 7～13 厘米，边缘具尖锯齿，中脉在叶面凸起。穗状花序缩短呈团伞状；花冠长 3～4 毫米，5 深裂几达基部；雄蕊 30～40 枚，花丝基部稍联合成明显的五体雄蕊；子房 3 室。核果长圆形，顶端具直立的宿萼。

【生　　境】 山坡杂木林。

【花 果 期】 5—12 月。

白檀

Symplocos paniculata

【鉴定特征】 落叶灌木或小乔木。叶膜质或薄纸质，椭圆状倒卵形，边缘有细尖锯齿。圆锥花序长 5 ～ 8 厘米；花冠白色，5 深裂几达基部；雄蕊 40 ～ 60 枚，子房 2 室，花盘具 5 个凸起的腺点。核果熟时蓝色，稍偏斜，萼宿存。

【生　　境】 林缘或阔叶林中。

【花 果 期】 春末夏初。

老鼠矢

Symplocos stellaris

【鉴定特征】 常绿乔木，多被红褐色绒毛。叶厚革质，披针状椭圆形，侧脉每边9～15条。团伞花序着生于二年生枝的叶痕之上；花冠白色，长7～8毫米，5深裂，雄蕊18～25枚，花丝基部合生成5束；子房3室；核果狭卵状圆柱形，长约1厘米，宿萼直立；核具6～8条纵棱。

【生　　境】 山坡疏林。

【花 果 期】 花期：4—5月。果期：6月。

木犀科 Oleaceae

苦枥木
Fraxinus insularis

【鉴定特征】 落叶大乔木。皮孔细小，节膨大。羽状复叶长 10～30 厘米；小叶 3～7 枚，纸质。圆锥花序生于当年生枝端，长 20～30 厘米；花芳香；花萼钟状，齿截平；花冠白色，雄蕊伸出花冠外；柱头 2 裂。翅果红色至褐色，长匙形，长 2～4 厘米。

【生　　境】 山坡林地或林缘。

【花果期】 花期：4—5 月。果期：7—9 月。

小蜡

Ligustrum sinense

【鉴定特征】 落叶灌木或小乔木。叶片纸质或薄革质，长圆形至披针形，两面多少被毛，侧脉 4～8 对。圆锥花序塔形，长 4～11 厘米，花序轴常被淡黄色短柔毛；花梗长不足 3 毫米；花萼先端呈截形或呈浅波状齿；花冠管与裂片近等长。果近球形，直径 5～8 毫米。

【生　　境】 山谷疏林或林缘。

【花 果 期】 花期：3—6 月。果期：9—12 月。

醉鱼草

Buddleja lindleyana

【鉴定特征】 灌木。小枝具四棱，棱上略有窄翅；多被星状短绒毛和腺毛。叶对生，叶片膜质，椭圆形至长圆状披针形；侧脉每边 6～8 条。穗状聚伞花序顶生，下垂，长 4～40 厘米；花紫色，芳香；花冠长 13～20 毫米，花冠管弯曲；雄蕊着生于花冠管下部或近基部。

【生　境】 山地路旁、河边灌丛。

【花果期】 花期：4—10 月。果期：8 月至翌年 4 月。

牛皮消

Cynanchum auriculatum

【鉴定特征】 蔓性半灌木。叶对生，膜质，宽卵形，基部心形。聚伞花序伞房状，着花30朵；花冠白色，辐状，裂片反折；副花冠浅杯状，肉质，在每裂片内面的中部有1个三角形的舌状鳞片；花粉块每室1个，下垂；柱头圆锥状，顶端2裂。

【生　　境】 山坡林缘或路旁灌丛。

【花果期】 花期：6—9月。果期：7—11月。

萝藦

Metaplexis japonica

【鉴定特征】 多年生草质藤本，具乳汁。叶膜质，卵状心形，侧脉每边 10～12 条；叶柄顶端具丛生腺体。总状式聚伞花序，着花通常 13～15 朵；花冠白色，有淡紫红色斑纹；副花冠环状，着生于合蕊冠上。蓇葖果双生，纺锤形；种子扁平，顶端具白色绢质种毛。

【生　　境】 路旁灌丛。

【花果期】 花期：7—8 月。果期：9—12 月。

香果树

Emmenopterys henryi

【鉴定特征】 落叶大乔木。叶纸质或革质，阔椭圆形，对生，全缘，下面脉腋内常有簇毛。圆锥状聚伞花序顶生；变态叶状萼白色，匙状卵形，长 1.5 ～ 8 厘米，有数条纵向脉和长柄；花芳香，花冠漏斗形，长 2 ～ 3 厘米；花丝被绒毛。蒴果近纺锤形，种子小而有阔翅。

【生　　境】 山谷林中。

【花 果 期】 花期：6—8 月。果期：8—11 月。

薄叶新耳草

Neanotis hirsuta

【鉴定特征】 匍匐草本。叶卵形或椭圆形；托叶膜质，基部合生，顶部分裂成刺毛状。花序有花1至数朵，常聚集成头状，有纤细不分枝的总花梗；花白色或浅紫色；花冠漏斗形，长4～5毫米；花柱略伸出，柱头2浅裂。蒴果扁球形。

【生　　境】 林下或溪旁湿地。

【花果期】 7—10月。

鸡矢藤

Paederia scandens

【鉴定特征】 藤状灌木，有臭味。叶对生，膜质，卵形或披针形。圆锥花序长 6～18 厘米；花有小梗，生于柔弱的三歧常作蝎尾状的聚伞花序上；花冠紫蓝色，通常被绒毛，裂片短。果阔椭圆形，压扁，小坚果浅黑色，具 1 阔翅。

【生　　境】 山坡林缘、灌丛。

【花 果 期】 5—7 月。

白马骨

Serissa serissoides

【鉴定特征】 小灌木。叶薄纸质，倒卵形或倒披针形，长 1.5 ～ 4 厘米，顶端短尖；托叶具锥形裂片。花无梗，数朵丛生于小枝顶部，有苞片；萼檐裂片 5，呈披针状锥形；花冠管长 4 毫米，喉部被毛，裂片 5，长圆状披针形；花柱柔弱，2 裂。

【生　　境】 山坡荒地。

【花 果 期】 4—6 月。

旋花

Calystegia sepium

【鉴定特征】 多年生缠绕草本。叶形多变，三角状卵形或宽卵形，基部戟形或心形，全缘或基部稍伸展为具2～3个大齿缺的裂片。花单生于叶腋；苞片宽卵形；萼片卵形，长1.2～1.6厘米；花冠通常白色或淡红紫色，漏斗状，长5～6厘米；子房无毛，柱头2裂。

【生　　境】 山坡林缘或灌草丛。

【花果期】 5—8月。

金灯藤
Cuscuta japonica

【鉴定特征】 一年生寄生缠绕草本，肉质，黄色，常带紫红色瘤状斑点，无叶。花无柄，形成穗状花序；花冠钟状，淡红色或绿白色，5浅裂；雄蕊5，着生于花冠喉部裂片之间；鳞片5，边缘流苏状，着生于花冠筒基部；子房2室，柱头2裂。

【生　境】 攀附草丛或灌丛。

【花果期】 花期：8月。果期：9月。

老鸦糊

Callicarpa giraldii

【鉴定特征】 灌木，多被星状毛。叶片纸质，宽椭圆形至披针状长圆形，基部楔形下延，背面疏被星状毛和细小黄色腺点，侧脉 8 ～ 10 对。聚伞花序，4 ～ 5 次分歧；花萼钟状；花冠紫色，具黄色腺点。果实球形，紫色，直径 2.5 ～ 4 毫米。

【生　　境】 路边疏林或灌丛。

【花 果 期】 花期：5—6 月。果期：7—11 月。

大青

Clerodendrum cyrtophyllum

【鉴定特征】 灌木或小乔木。叶片纸质，椭圆形至长圆状披针形，背面常有腺点，侧脉 6～10 对。伞房状聚伞花序，长 10～16 厘米；花小，有桔香味；花冠白色，花管细长，顶端 5 裂；雄蕊 4，花丝与花柱同伸出花冠外。果实倒卵形，成熟时蓝紫色，为红色的宿萼所托。

【生　　境】 山地林下或溪谷。

【花 果 期】 6 月至翌年 2 月。

兰香草

Caryopteris incana

【鉴定特征】 小灌木。叶片厚纸质，披针形或长圆形，长 1.5～9 厘米，边缘有粗齿，两面有黄色腺点。聚伞花序紧密；花冠淡蓝紫色，5 裂，喉部有毛环，下唇中裂片较大，边缘流苏状；雄蕊 4 枚，与花柱均伸出花冠管外。蒴果倒卵状球形，被粗毛，果瓣有宽翅。

【生　　境】 干旱的山坡、路旁。

【花 果 期】 6—10 月。

风轮菜

Clinopodium chinense

【鉴定特征】多年生草本。叶卵圆形，边缘具圆齿，坚纸质，上面密被平伏短硬毛，侧脉5～7对。轮伞花序多花密集，半球状，花序轴被缘毛。花萼狭管状，13脉；花冠紫红色，长约9毫米，下唇喉部具二列茸毛，冠筒伸出，向上渐扩大；雄蕊4。

【生　　境】山坡草地或路旁。

【花果期】花期：5—8月。果期：8—10月。

香茶菜

Isodon amethystoides

【鉴定特征】 多年生直立草本。叶卵状圆形至披针形，基部骤缩成具狭翅的柄，具圆齿，草质，密被黄白色小腺点。顶生聚伞圆锥花序，多花，长2～9厘米。花冠蓝白或紫色，上唇带紫蓝色，冠筒在基部上方明显浅囊状突起，冠檐二唇形，上唇先端具4圆裂。

【生　　境】 林下或草丛湿润处。

【花果期】 花期：6—10月。果期：9—11月。

唇形科 Lamiaceae

石荠苎

Mosla scabra

【鉴定特征】 一年生草本。多分枝，密被短柔毛。叶卵形或卵状披针形，纸质，下面灰白，密布凹陷腺点。总状花序，长 2.5～15 厘米。花冠粉红色，外面被微柔毛，内面基部具毛环，冠筒向上渐扩大，上唇直立，先端微凹，下唇 3 裂。雄蕊 4，后对能育。

【生　　境】 山坡、路旁或灌丛。

【花 果 期】 花期：5—11 月。果期：9—11 月。

鼠尾草

Salvia japonica

【鉴定特征】 一年生草本。下部为二回羽状复叶，上部为一回羽状复叶，具短柄，草质。轮伞花序具 2～6 朵花，组成长总状花序或总状圆锥花序。花萼筒喉部有白色的长硬毛环。花冠淡红、淡蓝至白色，外面密被长柔毛，内面有斜生的疏柔毛环。能育雄蕊 2，外伸。

【生　　境】 山坡、路旁或林下阴湿处。

【花 果 期】 6—9 月。

韩信草

Scutellaria indica

【鉴定特征】 多年生草本，茎四棱形。叶草质至近坚纸质，心状卵圆形。花对生，在枝顶排成长 4～12 厘米的总状花序。花萼果时十分增大，盾片状。花冠蓝紫色；冠檐二唇形，上唇盔状，内凹，下唇具深紫色斑点。雄蕊 4，二强。子房 4 裂。

【生　　境】 山坡疏林或路旁草丛。

【花果期】 2—6 月。

庐山香科科

Teucrium pernyi

【鉴定特征】 多年生草本。叶片卵圆状披针形，基部圆形或阔楔形下延。轮伞花序常具 2 朵花，松散组成穗状花序。花萼钟形，喉部内面具毛环，10 脉。花冠白色，稍带红晕，长 1 厘米，唇片与花冠筒成直角，中裂片极发达。子房密被泡状毛，小坚果具极明显的网纹。

【生　　境】 林下或路旁草丛。

【花 果 期】 6—9 月。

茄科 Solanaceae

白英

Solanum lyratum

【鉴定特征】草质藤本，密被具节长柔毛。叶互生，多数为琴形，基部常 3～5 深裂，中脉明显，侧脉通常每边 5～7 条。聚伞花序；萼环状，萼齿 5 枚；花冠蓝紫色或白色，直径约 1 厘米，花冠 5 深裂。浆果球状，成熟时红黑色，直径约 8 毫米。

【生　　境】山谷草地或路旁。

【花 果 期】花期：夏秋。果期：秋末。

宽叶母草

Lindernia nummulariifolia

【鉴定特征】 一年生草本。茎四方形。叶对生，圆形，长 5～20 毫米，基部近心形，边缘具圆齿或全缘，侧脉 2～3 对。伞形花序，仅顶生者有时有总花梗；花冠紫色，少有蓝色、白色，长约 7 毫米，上唇直立，卵形，下唇 3 裂。蒴果长椭圆形，渐尖。

【生　　境】 草地、水沟。

【花 果 期】 花期：7—9 月。果期：8—11 月。

玄参科 Scrophulariaceae

通泉草

Mazus japonicus

【鉴定特征】 一年生草本。茎直立或斜升，节上常生不定根，分枝多而披散。基生叶有时成莲座状，薄纸质，长 2～6 厘米，基部下延成带翅的叶柄，边缘具不规则粗齿。总状花序常具 3～20 朵花；花萼钟状；花冠白色、紫色或蓝色，长约 1 厘米。蒴果球形。

【生　　境】 湿润的草坡、沟边、路旁。

【花 果 期】 4—10 月。

山罗花

Melampyrum roseum

【鉴定特征】 直立草本，全株疏被鳞片状短毛。茎通常多分枝，近四棱形，有时具两列多细胞柔毛。叶片卵状披针形，长2～8厘米。苞叶绿色，边缘具多条刺毛状长齿。花萼常被糙毛，萼齿钻状三角形，有短睫毛；花冠紫红色，上唇内面密被须毛。

【生　　境】 山坡灌丛或石壁。

【花 果 期】 夏秋。

蓝猪耳
Torenia fournieri

【鉴定特征】 直立草本，具4窄棱。叶片长卵形，边缘具粗齿。总状花序；萼椭圆形，具5枚下延的翅，萼齿2枚；花冠长2.5～4厘米，花冠筒淡青紫色，背黄色；上唇浅蓝色，宽倒卵形，顶端微凹；下唇矩圆形，紫蓝色，中裂片的中下部有一黄色斑块。

【生　　境】 常见栽培或逸生。

【花 果 期】 7—10月。

白接骨

Asystasiella neesiana

【鉴定特征】高大草本。叶卵形，长5～20厘米，基部下延成柄，叶片纸质，侧脉6～7条。总状花序顶生，长6～12厘米；花1～2；苞片2；花萼5；花冠淡紫红色，漏斗状，外疏生腺毛，花冠筒细长，长3.5～4厘米；雄蕊2强，着生于花冠喉部。蒴果上部具4粒种子。

【生　　境】林下或溪边。

【花 果 期】花期：6—9月。果期：10月至翌年1月。

杜根藤

Justicia quadrifaria

【鉴定特征】 匍匐草本。叶片矩圆形或披针形,边缘常具小齿。花1～5朵簇生于叶腋;苞片倒卵圆形,先端微缺,具羽脉;花萼裂片线状披针形,长5～6毫米;花冠白色,具红色斑点;上唇直立,2浅裂,下唇3深裂,开展;雄蕊2,花药2室,下方药室具距。

【生　　境】 林下或路边。

【花 果 期】 5—10月。

九头狮子草

Peristrophe japonica

【鉴定特征】 草本，高20～50厘米。叶卵状矩圆形，长5～12厘米。花序由2～10个聚伞花序组成，每个花序下有2枚总苞片，羽脉明显，内有1至数朵花；花冠粉红色，二唇形，下唇3裂；雄蕊2，花丝细长，花药被长硬毛。种子有小疣状突起。

【生　　境】 路边草地。

【花 果 期】 花期：2—7月。果期：7—10月。

长瓣马铃苣苔

Oreocharis auricula

【鉴定特征】 多年生草本。叶基生，具柄；叶片长圆形，下面被淡褐色绢状绵毛，侧脉每边7～9条。聚伞花序2次分枝，每个花序具4～11朵花；苞片2。花萼5裂至近基部。花冠细筒状，蓝紫色，长2～2.5厘米。柱头1，盘状。蒴果长4～5厘米。

【生　　境】 山谷、沟边及林下潮湿岩石上。

【花果期】 花期：6—7月。果期：8月。

车前

Plantago asiatica

【鉴定特征】 多年生草本，须根多数。叶基生呈莲座状，叶片纸质，宽卵形，边缘波状、全缘或下部有锯齿，脉 5～7 条。穗状花序细圆柱状，3～10 个。花具短梗；花冠白色，雄蕊着生于冠筒内近基部，与花柱明显外伸。蒴果纺锤状卵形，种子 5～12 颗。

【生　　境】 路边、湿地。

【花果期】 花期：4—8 月。果期：6—9 月。

郁香忍冬

Lonicera fragrantissima

【鉴定特征】半常绿或落叶灌木。叶厚纸质，长3～8.5厘米。花芳香，生于幼枝基部苞腋；相邻两萼筒连合至中部；花冠白色或淡红色，长1～1.5厘米，唇形，内面密生柔毛，基部有浅囊。果实鲜红色，矩圆形，长约1厘米，部分连合。

【生　　境】沟谷、林缘。

【花果期】花期：2月中旬至4月。果期：4月下旬至5月。

忍冬
Lonicera japonica

【鉴定特征】 半常绿藤本。叶纸质，卵形。花双生，总花梗通常单生于小枝上部叶腋；苞片叶状，长达2～3厘米；花冠白色，有时基部向阳面呈微红，后变黄色，长3～6厘米，唇形；雄蕊和花柱均伸出花冠。果实圆形，熟时蓝黑色。

【生　　境】 攀附林缘。

【花果期】 花期：4—6月（秋季亦常开）。果期：10—11月。

下江忍冬

Lonicera modesta

【鉴定特征】 落叶灌木。冬芽外鳞片5对，最上1对增大。叶厚纸质，菱状椭圆形或宽卵形。苞片钻形；相邻两萼筒合生，具缘毛及疏腺；花冠白色，基部微红，有浅囊，二唇形，长10～12毫米，内面有密毛；花丝基部有毛。相邻两果实近合生，橘红色；种子1～2颗。

【生　　境】 杂木林下或灌丛。

【花果期】 花期：5月。果期：9—10月。

接骨草

Sambucus chinensis

【鉴定特征】 高大草本或半灌木。茎有棱，髓部白色。托叶叶状或退化成蓝色腺体；羽状复叶有小叶 2～3 对；顶生小叶有时与第一对小叶相连。复伞形花序大而疏散；杯形不孕花不脱落，可孕花小；萼筒杯状；花冠白色，基部联合；子房 3 室，柱头 3 裂。果实红色。

【生　　境】 林下或路边草丛。

【花 果 期】 花期：4—5 月。果期：8—9 月。

锦带花

Weigela florida

【鉴定特征】 落叶灌木。芽具3～4对鳞片。叶矩圆形至倒卵状椭圆形，长5～10厘米，有锯齿，下面密生短柔毛或绒毛。花单生或成聚伞花序；萼筒长圆柱形，萼齿长约1厘米，不等；花冠紫红色，长3～4厘米；子房上部的腺体黄绿色，柱头2裂。蒴果有短喙。

【生　　境】 杂木林下或山顶灌丛。

【花 果 期】 4—6月。

宜昌荚蒾

Viburnum erosum

【鉴定特征】 落叶灌木。叶纸质，卵状披针形至倒卵形，下面密被簇生绒毛，近基部有腺体，侧脉 7～14 对，直达齿端；叶柄基部有 2 枚宿存小托叶。复伞式聚伞花序生于具 1 对叶的侧生枝顶，直径 2～4 厘米；萼筒被绒毛；花冠白色，辐状。果实红色，宽卵圆形；核扁。

【生　　境】 山坡林下或灌丛。

【花果期】 花期：4—5 月。果期：8—10 月。

合轴荚蒾

Viburnum sympodiale

【鉴定特征】 落叶灌木或小乔木，全株被灰褐色鳞片状簇状毛。叶纸质，椭圆状卵形，长6～15厘米，侧脉6～8对。聚伞花序，直径5～9厘米，周围有大型白色的不孕花，无总梗，花生于第三级辐射枝上，芳香；花冠白色或微红，辐状。果实红色；核稍扁，有1条浅背沟和深腹沟。

【生　　境】 林下或灌丛。

【花 果 期】 花期：4—5月。果期：8—9月。

败酱

Patrina scabiosaefolia

【鉴定特征】 多年生草本。基生叶丛生，卵形或椭圆状披针形，不裂、羽裂或全裂；茎生叶对生，宽卵形至披针形，常羽状深裂或全裂。聚伞花序组成大型伞房状，顶生，具 5～6 级分枝；花序梗一侧被开展糙毛；花小，花冠钟形，黄色；雄蕊 4，近蜜囊的 2 枚花丝较长。

【生　　境】 山坡林下、林缘和路边灌丛。

【花 果 期】 7—9 月。

攀倒甑

Patrinia villosa

【鉴定特征】 多年生草本。茎生叶常不分裂。聚伞花序组成顶生圆锥或伞房花序，分枝 5～6 级，花序梗被较长的粗毛；总苞线状披针形；花冠钟形，白色，5 深裂，蜜囊顶端的裂片常较大；雄蕊 4，伸出；子房下位。瘦果倒卵形，与宿存增大苞片贴生。

【生　　境】 山地林下、林缘或灌草丛。

【花 果 期】 花期：8—10 月。果期：9—11 月。

羊乳

Codonopsis lanceolata

【鉴定特征】 草质缠绕藤本。叶在主茎上互生，披针形，长 0.8 ～ 1.4 厘米；在小枝顶端通常 2 ～ 4 叶簇生，菱状卵形，叶脉明显。花单生或对生于枝顶；花梗长 1 ～ 9 厘米；花萼贴生至子房中部，筒部半球状；花冠阔钟状，长 2 ～ 4 厘米，浅裂，黄绿色或乳白色内有紫色斑；子房下位。

【生　　境】 灌丛、沟边阴湿处或阔叶林内。

【花 果 期】 7—8 月。

桔梗科 Campanulaceae

半边莲

Lobelia chinensis

【鉴定特征】多年生匍匐草本，节上生根。叶互生，椭圆状披针形。花通常1朵，生于上部叶腋；花萼筒倒长锥状，裂片披针形；花冠粉红色或白色，长1～1.5厘米，喉部以下生白色柔毛，裂片全部平展于下方，呈一个平面，两侧裂片披针形，较长；花丝中部以上连合。

【生　　境】沟边、草地。

【花 果 期】5—10月。

江南山梗菜
Lobelia davidii

【鉴定特征】 多年生高大草本。叶螺旋状排列；叶片卵状椭圆形至长披针形；叶柄有翅。总状花序顶生，长20～50厘米。花萼筒倒卵状，裂片条状披针形；花冠紫红色，长1～2厘米，近二唇形，中肋明显，喉部以下生柔毛；雄蕊上部连合成筒，下方2枚花药顶端生髯毛。

【生　　境】 林缘或沟边较阴湿处。

【花 果 期】 8—10月。

杏香兔儿风

Ainsliaea fragrans

【鉴定特征】多年生草本。叶莲座状，厚纸质，基部深心形，下面被较密的长柔毛，脉上尤甚；基出脉5条。头状花序通常有3朵小花，排成间断的总状花序，花序轴被短柔毛和钻形苞叶。花两性，白色，开放时具杏仁香气，花冠管纤细，冠檐显著扩大。

【生　　境】林下、灌丛或草地。

【花果期】11—12月。

豚草

Ambrosia artemisiifolia

【鉴定特征】 一年生直立草本。下部叶对生，二回羽裂；上部叶互生，无柄，羽裂。雄头状花序半球形，直径 4～5 毫米，在枝端密集成总状花序，每个头状花序有 10～15 个不育的小花；花冠淡黄色。雌头状花序有 1 个能育雌花，有 4～6 个尖刺；花柱 2 深裂，丝状，伸出总苞。

【生　　境】 归化杂草，见于路边荒野。

【花果期】 花期：8—9 月。果期：9—10 月。

菊科 Asteraceae

香青

Anaphalis sinica

【鉴定特征】 丛生草本，被灰白色棉毛。叶长圆形，倒披针长圆形或线形，沿茎下延成狭翅。头状花序密集成复伞房状；花序梗细。总苞片 6 ～ 7 层，乳白色或污白色；雄株的总苞片常较钝。雌株头状花序有多层雌花，中央有 1 ～ 4 个雌花。

【生　　境】 针叶林缘或山坡灌草丛。

【花 果 期】 花期：6—9 月。果期：8—10 月。

奇蒿

Artemisia anomala

【鉴定特征】 多年生高大草本。叶厚纸质；下部叶长卵形，不裂或先端有数枚浅裂齿。头状花序长圆形，成狭窄或稍开展的圆锥花序；总苞片 3～4 层；雌花 4～6 朵，檐部具 2 裂齿，花柱伸出花冠外，先端 2 叉；两性花 6～8 朵，花药线形，先端附属物长三角形。

【生　　境】 林下、林缘或路旁沟边。

【花 果 期】 6—11 月。

艾

Artemisia argyi

【鉴定特征】多年生草本或半灌木状，植株有浓烈香气。茎枝均被灰色蛛丝状柔毛。叶厚纸质；下部叶宽卵形，羽状深裂，每侧裂片 2～3 枚；上部叶与苞叶羽状半裂、浅裂或渐至不分裂。头状花序组成尖塔形圆锥花序；总苞片 3～4 层；雌花 6～10 朵，紫色；两性花 8～12 朵。

【生　　境】山坡荒地或路旁。

【花 果 期】7—10 月。

青蒿

Artemisia caruifolia

【鉴定特征】 一年生草本。中部叶矩圆形，二回羽状深裂，基部裂片常抱茎。头状花序多数，球形，排成总状或复总状。总苞片3层，内层边缘宽膜质；花筒状，外层雌性，内层两性。瘦果矩圆形，长1毫米。

【生　　境】 荒野、路旁或沟边。

【花果期】 6—9月。

三脉紫菀

Aster ageratoides

【鉴定特征】多年生草本。叶片宽卵形，急狭成长柄，下面被短柔毛，常有腺点，离基3出脉，侧脉3～4对，网脉常明显。头状花序直径1.5～2厘米，排成伞房或圆锥伞房状。总苞片3层。舌状花约10个，舌片长达1厘米，紫色、浅红色或白色，管状花黄色。

【生　　境】林下、林缘、灌丛及山谷湿地。

【花 果 期】7—12月。

狼杷草

Bidens tripartita

【鉴定特征】一年生草本。叶对生，长椭圆状披针形，通常3～5深裂。头状花序单生，直径1～3厘米，具较长的花序梗。总苞盘状，外层苞片5～9枚，叶状。全为筒状两性花，花冠长4～5毫米，冠檐4裂。瘦果扁，边缘有倒刺毛，顶端芒刺通常2枚。

【生　　境】 路边荒野及水边湿地。

【花 果 期】 8—10月。

菊科 Asteraceae

天名精

Carpesium abrotanoides

【鉴定特征】 多年生粗壮草本，多分枝。下部叶长椭圆形，边缘具不规整钝齿，齿端有腺体状胼胝体。头状花序多数，近无梗，穗状花序式排列，苞叶 2～4 枚。总苞钟球形，苞片 3 层，膜质或先端草质。雌花狭筒状，长 1.5 毫米；两性花筒状，向上渐宽，冠檐 5 齿裂。

【生　　境】 路边荒地或林缘。

【花果期】 花期：6—8 月。果期：9—10 月。

野茼蒿

Crassocephalum crepidioides

【鉴定特征】 直立草本。叶膜质，椭圆形，基部楔形，边缘有不规则锯齿或有时基部羽裂。头状花序数个排成伞房状，直径约 3 厘米，总苞钟状，总苞片 1 层；小花全部管状，两性，花冠红褐色，檐部 5 齿裂。瘦果狭圆柱形，有肋；冠毛极多，绢毛状，易脱落。

【生　　境】 路边常见杂草。

【花 果 期】 7—12 月。

菊科 Asteraceae

黄瓜假还阳参

Crepidiastrum denticulatum

【鉴定特征】 一年生草本。中下部茎叶长椭圆形，羽裂，有宽翼柄，柄基扩大圆耳状抱茎，侧裂片2～4对。头状花序多数，在茎枝顶端成伞房花序状，约含12枚舌状小花。总苞片2层。瘦果黑褐色，长椭圆形，有10条钝纵肋，肋上有小刺毛，向顶端渐尖成粗喙。

【生　　境】 山坡路边或河谷潮湿处。

【花果期】 6—11月。

大丽花
Dahlia pinnata

【鉴定特征】多年生高大草本，有巨大棒状块根。叶一至三回羽状全裂。头状花序大，有长梗，常下垂，宽6～12厘米。总苞片外层约5个，叶质，内层膜质。舌状花1层，白色、红色或紫色；管状花黄色。瘦果长圆形，黑色，扁平，有2个不明显的齿。

【生　　境】广泛栽培。

【花果期】花期：6—12月。果期：9—10月。

菊科 Asteraceae

鳢肠
Eclipta prostrata

【鉴定特征】 一年生草本。叶长圆状披针形，长 3～10 厘米，边缘有细锯齿或波状，两面被密硬糙毛。头状花序直径 6～8 毫米，有长 2～4 厘米的细梗；总苞片草质，5～6 个排成 2 层，长圆状披针形；外围的雌花 2 层，舌状，中央的两性花多数，花冠管状，白色，4 齿裂。

【生　　境】 河边、田野或路边。

【花 果 期】 6—9 月。

一年蓬

Erigeron annuus

【鉴定特征】 一至二年生高大草本，上部有分枝，被开展长硬毛。叶长圆状披针形，边缘有不规则的齿或近全缘。头状花序数个排列成疏圆锥花序，总苞半球形，总苞片3层；外围雌花舌状，2层，舌片平展，白色或淡蓝色；中央两性花管状，黄色。

【生　　境】 外来归化，路边旷野或山坡荒地。

【花果期】 6—9月。

多须公

Eupatorium chinense

【鉴定特征】 多年生草本或小灌木。茎枝被污白色短柔毛。叶对生，几无柄；中部茎叶宽卵形至披针状卵形，羽状脉 3 ～ 7 对。头状花序多数，排成大型疏散的复伞房花序，花序直径达 30 厘米。总苞片 3 层，覆瓦状排列。花白色、粉色或红色。

【生　　境】 山坡林缘或灌草丛。

【花 果 期】 6—11 月。

金顶菊

Euthamia graminifolia

【鉴定特征】丛生草本。叶狭长，基部抱茎，基出三脉，微生柔毛。头状花序椭球形，长约1厘米，聚生枝顶。总苞多层，管状花黄色，花药和花柱伸出，柱头2叉。

【生　　境】外来植物，常见于荒野、路边。

【花果期】6—9月。

牛膝菊

Galinsoga parviflora

【鉴定特征】一年生草本。叶对生，长椭圆状卵形，基出3脉或不明显5脉。头状花序半球形，有长梗，多数在茎枝顶端排成疏松的伞房花序。总苞片1～2层，约5个。舌状花4～5个，舌片白色，顶端3齿裂；管状花黄色，下部被稠密的白色短柔毛。

【生　　境】外来归化杂草。

【花 果 期】7—10月。

大丁草

Leibnitzia anandria

【鉴定特征】 多年生草本，多被蛛丝状毛，植株具春秋二型之别。春型者叶基生莲座状，通常为倒披针形或倒卵状长圆形，边缘具齿、深波状或琴状羽裂；花葶单生或数个丛生，纤细；总苞片约3层。秋型者植株较高大，头状花序外层雌花管状二唇形，无舌片。

【生　境】 林下或山坡草地。

【花 果 期】 春秋季。

圆叶苦荬菜

Ixeris stolonifera

【鉴定特征】 多年生草本。叶片椭圆形，全缘或下部仅一侧有 1 个尖齿裂，基部圆形或平截。头状花序 2～3 枚，成伞房状排列。总苞片 2～3 层，外层极短，披针形。舌状小花黄色，15～26 枚。瘦果长椭圆形，有 10 条高起的尖翅肋，顶端急尖成细喙。

【生　　境】 山坡草地。

【花果期】 10 月。

马兰

Kalimeris indica

【鉴定特征】 直立草本。茎部叶倒披针形或倒卵状矩圆形，基部渐狭成具翅长柄。头状花序生于枝端并排成疏伞房状。总苞半球形，总苞片 2～3 层。舌状花 1 层，15～20 个，舌片浅紫色；管状花长 3.5 毫米，被短密毛。瘦果倒卵状矩圆形，边缘浅色而有厚肋。

【生　　境】 林缘、路边草丛。

【花 果 期】 花期：5—9 月。果期：8—10 月。

矢镞叶蟹甲草

Parasenecio rubescens

【鉴定特征】 多年生草本。基部叶在花期凋落，下部和中部茎叶具长柄，叶片宽三角形，顶端急尖，基部楔形或截形，边缘有硬小尖的锯齿。头状花序多数，排成叉状宽圆锥花序；小花 8～10；花药伸出花冠；花柱分枝外弯，被乳头状微毛。瘦果圆柱形，具肋。

【生　　境】 疏林下或路边。

【花果期】 花期：7—8 月。果期：9 月。

毛脉翅果菊

Lactuca raddeana

【鉴定特征】 多年生高大草本，有乳汁。中下部茎叶卵形至三角形，基部楔形，渐狭成翼柄。头状花序多数，沿枝顶排成狭圆锥状或总状圆锥花序，果期卵球形。总苞片4层。舌状小花约20枚，黄色。瘦果边缘有宽厚翅，每面有3条细脉纹，顶端有粗喙。

【生　　境】 山谷灌丛或路边林缘。

【花 果 期】 5—9月。

腺梗豨莶

Siegesbeckia pubescens

【鉴定特征】一年生草本。叶对生，卵圆形，边缘有尖头状粗齿；基出三脉，侧脉和网脉明显。头状花序，直径18～22毫米，多数生于枝端，排列成松散的圆锥花序；总苞片2层，叶质，背面密生紫褐色头状具柄腺毛，外层线状匙形或宽线形。

【生　　境】路边或山谷潮湿处。

【花果期】花期：5—8月。果期：6—10月。

蒲儿根

Sinosenecio oldhamianus

【鉴定特征】多年生或二年生草本。叶片卵圆形，基部心形，边缘具重锯齿，齿端具小尖，膜质，掌状 5 脉；上部叶渐小。头状花序多数排成顶生复伞房状花序。舌状花约 13，舌片黄色，长圆形，顶端钝，具 3 细齿，4 条脉；管状花多数，花冠黄色。瘦果圆柱形。

【生　　境】林缘、溪边、潮湿草坡。

【花 果 期】1–12 月。

蒲公英

Taraxacum mongolicum

【鉴定特征】 多年生草本，有乳汁。叶倒披针形，边缘有时具波状齿或羽状深裂，有时倒向羽裂或大头羽裂。花葶1至数个；头状花序，直径3～4厘米；总苞钟状，总苞片2～3层；舌状花黄色，舌片长约8毫米，边缘花舌片背面具紫红色条纹，花药和柱头暗绿色。

【生　　境】 山坡草地、路边河滩。

【花果期】 花期：4—9月。果期：5—10月。

荞麦叶大百合
Cardiocrinum cathayanum

【鉴定特征】 多年生高大草本。叶纸质，卵状心形，网状脉。总状花序有花 3 ～ 5 朵；每花具 1 枚苞片；花狭喇叭形，乳白色或淡绿色，内具紫色条纹；花被片条状倒披针形；花丝长 8 ～ 10 厘米，长为花被片的 2/3。蒴果近球形。种子扁平，周围有膜质翅。

【生　　境】 溪边或林下阴湿处。

【花 果 期】 花期：7—8 月。果期：8—9 月。

百合科 Liliaceae

萱草

Hemerocallis fulva

【鉴定特征】 多年生草本。叶基生，二列，带状。花葶从叶丛中央抽出，顶端具总状或假二歧状的圆锥花序；花橘红色至橘黄色，近漏斗状；花被裂片 6，内花被裂片下部有 " ∧ " 形彩斑；雄蕊 6；子房 3 室。蒴果钝三棱状椭圆形，表面常略具横皱纹，室背开裂。

【生　　境】 常见栽培。

【花 果 期】 5—7 月。

玉簪

Hosta plantaginea

【鉴定特征】 多年生草本。叶卵状心形或卵圆形，长 14 ～ 24 厘米，基部心形，侧脉 6 ～ 10 对。花葶高 40 ～ 80 厘米，具几朵至十几朵花；花白色，芬香；花梗长约 1 厘米；雄蕊基部 15 ～ 20 毫米贴生于花被管上。蒴果圆柱状，有三棱，长约 6 厘米。

【生　　境】 路边栽培。

【花　果　期】 8—10 月。

药百合

Lilium speciosum var. *gloriosoides*

【鉴定特征】 高大草本。鳞片宽披针形，白色。叶散生，宽披针形，具3～5脉，边缘具小乳突。花1～5朵，排成总状或伞形状；苞片叶状；花下垂，花被片长6～7.5厘米，反卷，边缘波状，白色，下部有紫红色斑点，蜜腺两边有红色的流苏状突起；雄蕊四面张开。

【生　　境】 阴湿林下及山坡草丛。

【花果期】 花期：7—8月。果期：10月。

吉祥草

Reineckia carnea

【鉴定特征】 多年生草本。茎蔓延于地面，逐年向前延长或发出新枝。叶每簇有 3～8 枚，条形至披针形，向下渐狭成柄，深绿色。花葶长 5～15 厘米；穗状花序，上部的花有时仅具雄蕊；花芳香，粉红色，裂片矩圆形，稍肉质。浆果直径 6～10 毫米，熟时鲜红色。

【生　　境】 阴湿山坡或林下。

【花 果 期】 7—11 月。

百合科 Liliaceae

牛尾菜

Smilax riparia

【鉴定特征】多年生草质藤本。茎长1～2米，中空，干后凹瘪并具槽。叶厚，矩圆形至宽卵形，长7～15厘米，下面绿色，无毛；叶柄通常在中部以下有卷须。伞形花序通常有几十朵花，总花梗较纤细；花绿黄色或白色，盛开时花被片外折；浆果熟时黑色，有白色粉霜。

【生　　境】林下或山坡灌丛。

【花果期】花期：6—7月。果期：10月。

油点草

Tricyrtis macropoda

【鉴定特征】 高大草本。叶卵状椭圆形，基部心形抱茎。二歧聚伞花序，花疏散；花被片绿白色，内面具多数紫红色斑点，开放后向下反折；外轮 3 片在基部下延而呈囊状；柱头 3 裂，每裂片又 2 深裂，密生腺毛。蒴果直立，长 2～3 厘米。

【生　　境】 林下阴湿处。

【花果期】 6—10 月。

石蒜

Lycoris radiata

【鉴定特征】 多年生草本，鳞茎近球形。秋季出叶，叶狭带状，长约 15 厘米。花葶高约 30 厘米；总苞片 2 枚，披针形，长约 35 厘米；伞形花序有花 4 ～ 7 朵，花鲜红色；花被裂片狭倒披针形，长约 3 厘米，高度皱缩和反卷；雄蕊显著伸出于花被外。

【生　　境】 溪边阴湿处或路边栽培。

【花 果 期】 花期：8—9 月。果期：10 月。

纤细薯蓣

Dioscorea gracillima

【鉴定特征】缠绕草质藤本。单叶互生，叶片卵状心形，顶端渐尖，全缘。雄花序穗状，单生叶腋，通常作不规则分枝；雄花无梗，单生，很少2～3朵簇生，着生于花序的基部；可育雄蕊3枚，不育雄蕊3，棍棒状，着生于花托的边缘。蒴果三棱形。

【生　境】山坡疏林或阴湿山谷。

【花果期】花期：5—8月。果期：6—10月。

薯蓣

Dioscorea polystachya

【鉴定特征】 缠绕草质藤本。单叶，在茎下部的互生，中部以上的对生；叶片变异大，基部心形，边缘常 3 裂。叶腋内常有珠芽。雌雄异株。雄花序为穗状花序，2 ～ 8 个着生于叶腋；花序轴呈"之"字状曲折；苞片和花被片有紫褐色斑点；雄蕊 6。雌花序为穗状花序，1 ～ 3 个着生于叶腋。蒴果不反折，三棱状扁圆形。

【生　　境】 林缘灌草丛。

【花 果 期】 花期：6—9 月。果期：7—11 月。

翅茎灯心草

Juncus alatus

【鉴定特征】 多年生草本。茎丛生，扁平，两侧有狭翅。叶片扁平，线形。多个头状花序排成聚伞状，分枝常为3个；头状花序有3～7朵花；花淡绿或黄褐色；花被片披针形，边缘膜质，外轮者背脊明显；雄蕊6；柱头3。蒴果三棱状圆柱形，顶端具突尖。

【生　境】 水田边或林下阴湿处。

【花果期】 花期：4—7月。果期：5—10月。

鸭跖草科 Commelinaceae

饭包草

Commelina benghalensis

【鉴定特征】多年生披散草本。叶片卵形,顶端钝。总苞片漏斗状,与叶对生,常数个集于枝顶;花序下面一枝具细长梗,具1～3朵不孕的花,伸出佛焰苞;萼片膜质,披针形;花瓣蓝色,圆形;内面2枚具长爪。蒴果椭圆状,3室,腹面2室,每室具2颗种子,开裂,后面一室仅有1颗种子,不裂。

【生　　境】荒野、岩石或路边湿地。

【花 果 期】夏秋季。

鸭跖草

Commelina communis

【鉴定特征】 一年生披散草本。茎匍匐生根，多分枝。叶披针形。总苞片佛焰苞状，折叠状，展开后为心形；聚伞花序，下面一枝仅有花1朵，不孕；上面一枝具花3～4朵，几乎不伸出佛焰苞。花瓣深蓝色，内面2枚具爪。蒴果椭圆形，2室，有种子4颗。

【生　　境】 荒野或路边湿地。

【花 果 期】 5—9月。

毛秆野古草

Arundinella hirta

【鉴定特征】 多年生草本。叶舌短，具纤毛；叶片长 12～35 厘米。圆锥花序开展；第一颖长 3～3.5 毫米，具 3～5 脉；第二颖长 3～5 毫米，具 5 脉；第一小花雄性，外稃长 3～4 毫米，具 5 脉，花药紫色；第二小花长 2.8～3.5 毫米，外稃上部略粗糙，3～5 脉；柱头紫红色。

【生　　境】 山坡灌丛。

【花 果 期】 7—10 月。

马唐

Digitaria sanguinalis

【鉴定特征】 一年生草本。叶舌长1～3毫米；叶片线状披针形。总状花序，长5～18厘米，4～12枚成指状着生于长1～2厘米的主轴上；小穗椭圆状披针形；第一颖短三角形，无脉；第二颖3脉，披针形；第一外稃等长于小穗，具7脉，边脉上具小刺状粗糙；第二外稃近革质。

【生　　境】 路旁、田野。

【花果期】 6—9月。

画眉草

Eragrostis pilosa

【鉴定特征】 一年生草本。叶舌为一圈纤毛；叶片线形，长6～20厘米。圆锥花序长10～25厘米；小穗具柄，长3～10毫米，含4～14朵小花；颖膜质，披针形；第一外稃广卵形，先端尖，具3脉；内稃稍作弓形弯曲，脊上有纤毛；雄蕊3枚。颖果长圆形，长约0.8毫米。

【生　　境】 荒野或路边草地。

【花 果 期】 8—11月。

芒

Miscanthus sinensis

【鉴定特征】多年生高大草本。叶舌膜质，顶端及其后面具纤毛；叶片线形，长20～50厘米。圆锥花序直立，长15～40厘米，主轴延伸至花序的中部以下；小穗披针形，基盘具白色或淡黄色的丝状毛；雄蕊3枚；柱头羽状。颖果长圆形，暗紫色。

【生　　境】向阳山坡、荒野。

【花 果 期】7—12月。

日本乱子草

Muhlenbergia japonica

【鉴定特征】 多年生草本。秆细弱，倾斜或横卧。叶舌膜质，纤毛状；叶片狭披针形。圆锥花序狭窄，长4～12厘米，每节具1分枝；小穗灰绿色带紫色，披针形，长2.5～3毫米；颖膜质，具1脉；外稃具3脉，主脉延伸成芒，芒通常为紫色，纤细，直立，长5～9毫米。

【生　　境】 河谷湿地和山坡林缘。

【花果期】 7—11月。

山类芦

Neyraudia montana

【鉴定特征】 多年生草本。秆高约1米，密丛型，具4～5节。叶舌长约2毫米，密生柔毛；叶片内卷，长50～60厘米。圆锥花序长25～60厘米；小穗长7～10毫米，含3～6朵小花；颖具1脉；外稃具3脉，顶端有短芒，芒长1～2毫米，基盘具长约2毫米的柔毛。

【生　　境】 山坡路旁。

【花 果 期】 7—10月。

求米草

Oplismenus undulatifolius

【鉴定特征】 纤细草本，基部平卧。叶鞘密被疣基毛；叶片卵状披针形。圆锥花序长 2～10 厘米，主轴密被疣基长刺毛；小穗卵圆形，被硬刺毛，簇生或孪生；颖草质，3～5 脉；第一外稃草质，7～9 脉，顶端芒长 1～2 毫米，第一内稃通常缺；第二外稃革质，结实时变硬。

【生　　境】 疏林下阴湿处。

【花 果 期】 7—11 月。

糠稷

Panicum bisulcatum

【鉴定特征】 一年生草本。秆纤细，高 0.5～1 米。叶舌膜质，顶端具纤毛；叶片质薄，狭披针形。圆锥花序长 15～30 厘米；小穗椭圆形，长 2～2.5 毫米，绿色或带紫色，具细柄；第一颖近三角形，长约为小穗的 1/2，具 1～3 脉；第二颖与第一外稃同形并且等长，均具 5 脉。

【生　　境】 荒野潮湿处。

【花果期】 9—11 月。

绵毛稷

Panicum lanuginosum

【鉴定特征】 多年生草本，遍体被疣基柔毛。秆细弱，丛生。叶舌柔毛状，长 3～4 毫米；叶片质地厚，下部者聚集基部成莲座状，上部者披针形。圆锥花序广卵形，长约 5 厘米。小穗倒卵形，密被细柔毛；第一颖长为小穗 1/4，先端钝圆。

【生　　境】 原产北美，归化于庐山，见于林下、石隙。

【花 果 期】 夏秋季。

狼尾草

Pennisetum alopecuroides

【鉴定特征】 丛生草本。叶舌具长约2.5毫米纤毛；叶片线形，长10～80厘米。圆锥花序狭长，主轴密生柔毛；总苞状刚毛粗糙，淡绿色或紫色，长1.5～3厘米；小穗常单生，总梗长1～3毫米；第一颖微小或缺，膜质；第二颖卵状披针形，具3～5脉；雄蕊3，花柱基部联合。

【生　　境】 荒野或路边草地。

【花 果 期】 夏秋季。

显子草

Phaenosperma globosa

【鉴定特征】 多年生草本。秆单生或少数丛生，具4～5节。叶舌质硬，长5～15毫米，两侧下延；叶片宽线形。圆锥花序长15～40厘米，分枝在下部者多轮生；小穗背腹压扁；两颖不等长。颖果倒卵球形，表面具皱纹，成熟后露出稃外。

【生　　境】 山坡林下、山谷溪旁及路边草丛。

【花 果 期】 5—9月。

早熟禾

Poa annua

【鉴定特征】一年生草本。叶片长2～12厘米，质软，常有横脉。圆锥花序开展，分枝1～3枚；小穗卵形，含3～5朵小花，长3～6毫米，绿色；颖质薄，边缘宽膜质，第一颖披针形，具1脉，第二颖具3脉；外稃卵圆形，具明显的5脉，基盘无绵毛；内稃两脊密生丝状毛。

【生　境】路旁草地、田野水沟。

【花果期】花期：4—5月。果期：6—7月。

囊颖草

Sacciolepis indica

【鉴定特征】 一年生草本。叶舌膜质，顶端被短纤毛；叶片线形。圆锥花序紧缩成圆筒状，长1～16厘米；小穗卵状披针形；第一颖为小穗长的1/3～2/3，通常具3脉；第二颖背部囊状，具明显的7～11脉；鳞被2，折叠，具3脉；花柱基分离。

【生　　境】 路边湿草地或疏林下。

【花果期】 7—11月。

狗尾草

Setaria viridis

【鉴定特征】 一年生草本。叶片长披针形。圆锥花序紧密呈圆柱状或基部稍疏离，稍弯垂，主轴被较长柔毛；刚毛长 4 ～ 12 毫米，通常绿色或紫红色；小穗 2 ～ 5 个簇生，铅绿色；第一颖宽卵形，长约为小穗的 1/3，具 3 脉；第二颖与第一外稃几与小穗等长，具 5 ～ 7 脉。

【生　　境】 荒野、道旁。

【花果期】 5—10 月。

大油芒

Spodiopogon sibiricus

【鉴定特征】 多年生高大草本。叶片线状披针形，基部被疣基柔毛。圆锥花序长 10～20 厘米，分枝近轮生，节具髯毛；小穗长 5 毫米，宽披针形，草黄色或稍带紫色。第二小花两性，外稃顶端深裂达 2/3，中间伸出长芒；芒 8～15 毫米，中部膝曲，稍露出于小穗之外。

【生　　境】 林缘路边或荒野。

【花 果 期】 7—10 月。

庐山玉山竹
Yushania varians

【鉴定特征】 丛生灌木。箨环隆起，通常生有向下的黄褐色刺毛。竿每节 3～7 枝，直立或上举。箨鞘宿存，革质，长为节间的 1/2 以上。小枝多具叶 3～5 片；叶耳边缘有 2～4 条紫色至黄褐色放射状开展的繸毛；叶片线状披针形，次脉 3～5 对，小横脉较清晰。

【生　　境】 松林下。

【笋　　期】5—7 月。

一把伞南星

Arisaema erubescens

【鉴定特征】 直立草本。块茎扁球形。叶1～2，叶柄中部以下具鞘，叶片放射状分裂，裂片无定数。佛焰苞绿色，常有线形尾尖。肉穗花序单性；各附属器棒状，向两头略狭，长2～4厘米，下部具中性花。果序柄下弯或直立，浆果红色。

【生　　境】 林下、灌丛或水湿处。

【花 果 期】 花期：5—7月。果期：9月。

灯台莲

Arisaema bockii

【鉴定特征】多年生草本。叶 2，下面 1/2 鞘筒状；叶片鸟足状 5 裂。佛焰苞淡绿色至暗紫色，具淡紫色条纹，管部漏斗状，长 4～6 厘米。肉穗花序单性，圆柱形，长 2～3 厘米。各附属器具细柄，上部增粗成棒状或近球形。果序长 5～6 厘米，圆锥状，浆果黄色，长圆锥状。

【生　　境】山坡林下或沟谷岩石。

【花果期】花期：5 月。果期：8—9 月。

穹隆薹草

Carex gibba

【鉴定特征】多年生草本。秆丛生,三棱形。苞片叶状,长于花序。小穗卵形或长圆形,雌雄顺序,花密生。雌花鳞片倒卵状圆形,具3脉,顶端具芒。果囊倒卵形,边缘具翅,顶端急缩成短喙,喙口具2齿。小坚果紧包于果囊中;花柱呈圆锥状,柱头3个。

【生　　境】山谷湿地、山坡草地或林下。

【花 果 期】4—8月。

短叶水蜈蚣

Kyllinga brevifolia

【鉴定特征】蔓生草本。秆散生，扁三棱形。叶状苞片3枚，极展开；穗状花序多单生，卵球形，长5～10毫米。小穗密生，长圆状披针形，压扁，具1朵花；鳞片膜质，背面的龙骨状突起具刺，顶端短尖，脉5～7条；柱头2。小坚果倒卵状长圆形，表面具密的细点。

【生　　境】路边草丛或田野水泽。

【花 果 期】5—9月。

Cyperaceae

庐山藨草

Scirpus lushanensis

【鉴定特征】 多年生草本。秆单生，粗壮。叶状苞片 2～4 枚，常短于花序；长侧枝聚伞花序多次复出，辐射枝可达 15 厘米；小穗单生或 2～4 个簇生于辐射枝顶；小穗近球形，花多数密生；下位刚毛 6 条，柱头 3。

【生　　境】 阴湿草丛或溪边。

【花 果 期】 花期：6—7 月。果期：8—9 月。

斑叶兰

Goodyera schlechtendaliana

【鉴定特征】 直立草本，具 4～6 枚叶。叶片卵状披针形，上面绿色，具白色不规则的点状斑纹。总状花序具 20 余朵花，偏向一侧；花白色或粉红色唇瓣卵形，基部凹陷呈囊状，前部舌状，略下弯；蕊喙直立，叉状 2 裂；柱头 1，位于蕊喙之下。

【生　　境】 林下潮湿处。

【花 果 期】 8—10 月。

中文名索引

拉丁名索引

附录 A　庐山简图

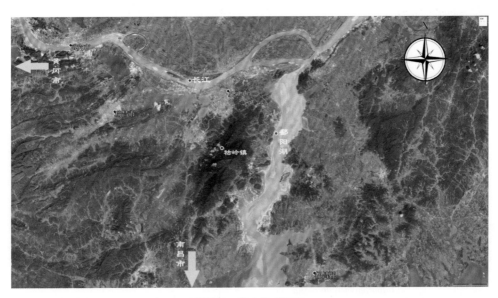

附图 1　庐山地理区位

附图 2　庐山实习线路

附录 B　庐山模式产地植物名录

序号	中文名	拉丁名	FOC中文名	FOC拉丁名	科名
1	九江三角槭	*Acer buergerianum* var. *jiujiangense* Z. Y. Yu			Aceraceae
2	麻叶猕猴桃	*Actinidia valvata* var. *boehmeriifolia* C. F. Liang	对萼猕猴桃	*Actinidia valvata* Dunn	Actinidiaceae
3	直刺变豆菜	*Sanicula orthacantha* S. Moore			Apiaceae
4	牯岭东俄芹	*Tongoloa stewardii* Wolff			Apiaceae
5	相似铁角蕨	*Asplenium consimile* Ching ex S. H. Wu	华南铁角蕨	*Asplenium austrochinense* Ching	Aspleniaceae
6	牯岭铁角蕨	*Asplenium gulingense* Ching et S. H. Wu	江苏铁角蕨	*Asplenium kiangsuense* Ching & Y. X. Jing	Aspleniaceae
7	牯岭凤仙花	*Impatiens davidi* Franch.			Balsaminaceae
8	封怀凤仙花	*Impatiens fenghuaiana* Y. L. Chen			Balsaminaceae
9	庐山小檗	*Berberis virgetorum* Schneid.			Berberidaceae
10	短柄川榛	*Corylus kweichowensis* var. *brevipes* W. T. Liang	川榛	*Corylus heterophylla* var. *sutchuanensis* Franchet	Betulaceae
11	江南山梗菜	*Lobelia davidii* Franch.			Campanulaceae
12	黄褐绒毛荚蒾	*Viburnum fulvotomentosum* Hsu	荚蒾	*Viburnum dilatatum* Thunb.	Campanulaceae
13	倒卵叶忍冬	*Lonicera hemsleyana*（O. Ktze.）Rehd.	华西忍冬	*Lonicera webbiana* Wall. ex DC.	Caprifoliaceae
14	庐山忍冬	*Lonicera modesta* var. *lushanensis* Rehder	下江忍冬	*Lonicera modesta* Rehder	Caprifoliaceae
15	圆叶丝棉木	*Euonymus bungeanaus* var. *ovatus* F. H. Chen et M. C. Wang	白杜	*Euonymus maackii* Rupr.	Celastraceae
16	垂丝卫矛	*Euonymus euscaphioides* F. H. Chen et M. C. Wang	百齿卫矛	*Euonymus centidens* Lévl.	Celastraceae
17	庐山刺果卫矛	*Euonymus lushanensis* F. H. Chen & M. C. Wang			Celastraceae
18	庐山野菊	*Chrysanthemum lushanense* Kitam.	野菊	*Chrysanthemum indicum* L.	Asteraceae

序号	中文名	拉丁名	FOC 中文名	FOC 拉丁名	科名
19	庐山风毛菊	*Saussurea bullockii* Dunn			Asteraceae
20	对叶景天	*Sedum baileyi* Praeger			Crassulaceae
21	潜茎景天	*Sedum latentibulbosum* K. T. Fu et G. Y. Rao			Crassulaceae
22	黄鳞二叶飘拂草	*Fimbristylis diphylloides* var. *straminea* Tang et Wan			Cyperaceae
23	庐山藨草	*Scirpus lushanensis* Ohwi			Cyperaceae
24	庐山续断	*Dipsacus lushanensis* C. Y. Cheng et T. M. Ai	日本续断	*Dipsacus japonicus* Miq.	Dipsacaceae
25	庐山复叶耳蕨	*Arachniodes lushanensis* Ching	刺头复叶耳蕨	*Arachniodes aristata* （Forst.）Tindle	Dryopteridaceae
26	密羽贯众	*Cyrtomium confertifolium* Ching et Shing ex Shing			Dryopteridaceae
27	庐山鳞毛蕨	*Dryopetris lushanensis* Ching et Chiu	宽羽鳞毛蕨	*Dryopteris ryoitoana* Kurata	Dryopteridaceae
28	光叶鳞毛蕨	*Dryopteris glabrescens* Ching et Chiu ex K.H. Shing et J. F. Cheng	变异鳞毛蕨	*Dryopteris varia* （L.）O. Ktze.	Dryopteridaceae
29	黄龙鳞毛蕨	*Dryopteris huanglongensis* Ching	阔鳞鳞毛蕨	*Dryopteris championii* （Benth.）C. Chr.	Dryopteridaceae
30	光柄鳞毛蕨	*Dryopteris nudistipes* Ching et Chiu	无柄鳞毛蕨	*Dryopteris submarginata* Rosenst.	Dryopteridaceae
31	细裂鳞毛蕨	*Dryopteris pseudobissetiana* Ching ex Shing et J. F.Cheng	两色鳞毛蕨	*Dryopteris setosa* （Thunb.）Akasawa	Dryopteridaceae
32	密羽鳞毛蕨	*Dryopteris stenochlamys* Ching	黑足鳞毛蕨	*Dryopteris fuscipes* C. Chr.	Dryopteridaceae
33	近黑足鳞毛蕨	*Dryopteris subfuscipes* Ching ex Shing et J. F. Cheng	平行鳞毛蕨	*Dryopteris indusiata* （Makino）Yamam ex Yamam	Dryopteridaceae
34	江西长叶鹿蹄草	*Pyrola elegantula* var. *jiangxiensis* Y. L.Chou et R.C. Zhou	长叶鹿蹄草	*Pyrola elegantula* Andres	Ericaceae
35	尖萼杜鹃	*Rhododendron ovatum* var. *prismatum* Tam	马银花	*Rhododendron ovatum* （Lindl.）Planch.	Ericaceae
36	南方山拐枣	*Poliothyrsis sinensis* var. *subglabra* S. S. Lai	山拐枣	*Poliothyrsis sinensis* Oliv.	Flacourtiaceae
37	长瓣马铃苣苔	*Didymocarpus auricula* S. Moore		*Oreocharis auricula* （S. Moore）Clarke	Gesneriaceae

序号	中文名	拉丁名	FOC中文名	FOC拉丁名	科名
38	秃蜡瓣花	*Corylopsis sinensis* var. *calvescens* Rehd.et Wils.			Hamamelidaceae
39	庐山蕗蕨	*Mecodium lushanense* Ching et Chiu	长柄蕗蕨	*Hymenophyllum polyanthos*（Swartz）Swartz	Hymenophyllaceae
40	修株肿足蕨	*Hypodematium gracile* Ching			Hypodematiaceae
41	异被地杨梅	*Luzula inaequalis* K. F. Wu			Juncaceae
42	喜荫黄芩	*Scutellaria sciaphila* S. Moore			Lamiaceae
43	庐山香科科	*Teucrium pernyi* Franch.			Lamiaceae
44	毛豹皮樟	*Iozoste hirtipes* var. *lanuginosa* Migo		*Litsea coreana* var. *lanuginosa*（Migo）Yang et P. H. Huang	Lauraceae
45	红脉钓樟	*Lindera rubronervia* Gamble			Lauraceae
46	牯岭野豌豆	*Vicia kulingana* L. H. Bailey			Leguminosae
47	牯岭藜芦	*Veratrum schindleri* Loesener			Liliaceae
48	鹅掌楸	*Liriodendron chinense*（Hemsl.）Sarg.			Magnoliaceae
49	凹叶厚朴	*Magnolia officinalis* ssp. *biloba*（Rehd. et Wils.）Law	厚朴	*Houpoëa officinalis*（Rehder & E. H. Wilson）N. H. Xia & C. Y. Wu	Magnoliaceae
50	庐山芙蓉	*Hibiscus paramutabilis* Bailey			Malvaceae
51	粉防己	*Stephania tetrandra* S. Moore			Menispermaceae
52	喜树	*Camptotheca acuminata* Decne.			Nyssaceae
53	庐山梣	*Fraxinus sieboldiana* Blume			Oleaceae
54	山类芦	*Neyraudia montana* Keng			Poaceae
55	庐山茶竿竹	*Pseudosasa hirta* S. L. Chen et. G. Y. Sheng	阔叶箬竹	*Indocalamus latifolius*（Keng）McClure	Poaceae
56	庐山玉山竹	*Yushania varians* Yi			Poaceae
57	庐山瓦韦	*Lepisorus lewissii*（Baker）Ching			Polypodiaceae

序号	中文名	拉丁名	FOC 中文名	FOC 拉丁名	科名
58	庐山石韦	*Pyrrosia sheareri*（Baker）Ching			Polypodiaceae
59	庐山疏节过路黄	*Lysimachia remota* var. *lushanensis* Chen et C. M. Hu			Primulaceae
60	赣皖乌头	*Aconitum finetianum* Hand.-Mazz.			Ranunculaceae
61	庐山乌头	*Aconitum lushanense* Migo	乌头	*Aconitum carmichaelii* Debeaux	Ranunculaceae
62	狭盔乌头	*Aconitum sinomontanum* var. *angustius* W.T.Wang			Ranunculaceae
63	时珍淫羊藿	*Epimedium lishihchenii* Stearn			Ranunculaceae
64	柄果毛茛	*Ranunculus podocarpus* W. T. Wang			Ranunculaceae
65	大叶唐松草	*Thalictrum macrophyllum* Migo		*Thalictrum faberi* Ulbr.	Ranunculaceae
66	牯岭勾儿茶	*Berchemia kulingensis* Schneid.			Rhamnaceae
67	山鼠李	*Rhamnus wilsonii* Schneid.			Rhamnaceae
68	牯岭山楂	*Crataegus kulingensis* Sarg.	野山楂	*Crataegus cuneata* Sieb. et Zucc.	Rosaceae
69	中华三叶委陵菜	*Potentilla freyniana* var. *sinica* Migo			Rosaceae
70	牯岭悬钩子	*Rubus kulinganus* Bailey			Rosaceae
71	无毛金腰	*Chrysosplenium glaberrimum* W. T. Wang			Saxifragaceae
72	庐山金腰	*Chrysosplenium lushanense* W. T. Wang	中华金腰	*Chrysosplenium sinicum* Maxim.	Saxifragaceae
73	牯岭山梅花	*Philadelphus sericanthus* var. *kulingensis*（Koehne）Hand.-Mazz.			Saxifragaceae
74	厚叶舟柄茶	*Gordonia crassifolia* S. Z. Yan	厚叶紫茎	*Stewartia crassifolia*（S. Z. Yan）J. Li & T. L. Ming	Theaceae
75	庐山假毛蕨	*Pseudocyclosorus lushanensis* Ching ex Y. X. Lin			Thelypteridaceae

序号	中文名	拉丁名	FOC 中文名	FOC 拉丁名	科名
76	绢毛荛花	*Wikstroemia kulingensis* Domke	多毛荛花	*Wikstroemia pilosa* Cheng	Thymelaeaceae
77	庐山椴	*Tilia tuan* var. *breviradiata* Rehd.	短毛椴	*Tilia chingiana* Hu & W. C. Cheng	Tiliaceae
78	悬铃叶苎麻	*Boehmeria tricuspis* （Hance）Makino			Urticaceae
79	庐山楼梯草	*Elatostema stewardii* Merr.			Urticaceae
80	庐山堇菜	*Viola stewardiana* W. Beck.			Violaceae
81	牯岭蛇葡萄	*Ampelopsis brevipedunculata* var. *kulingensis* Rehder		*Ampelopsis glandulosa* var. *kulingensis* （Rehder）Momiyama	Vitaceae
82	庐山葡萄	*Vitis hui* Cheng			Vitaceae
83	华中书带蕨	*Vittaria centrochinensis* Ching ex J. F. Cheng	平肋书带蕨	*Haplopteris fudzinoi* （Makino）E. H. Crane	Vittariaceae

黄师庐山实习留影

生物科学专业 2001 级部分师生庐山合影

生物科学专业 2002 级部分师生在庐山植物园

生物科学专业 2014 级部分师生在含鄱口

植物科学与技术专业 2015 级部分师生在大月山

植物科学与技术专业 2016 级部分师生在仙人洞

生物科学专业 2016 级部分师生在三宝树

植物科学与技术专业 2017 级部分师生在仙人洞

植物科学与技术专业 2018 级部分师生在仙人洞